黄有光 著

宇宙是被创造的；创世者是进化而来的
——公理式「进化创世论」

宇宙是怎样来的？

复旦大学出版社

谨以本书献给

Aline，Eve **C**huen，Sian**G**，**T**ess

[有些读者应该一眼就看出为什么故意把 A、C、G、T 加大。不知道是什么原因的读者，读了本书内容，应该就会知道。Aline，Eve Chuen，Siang，Tess 是与笔者关系最直接与最重要的四位美女。黄有光的四大美女。]

鸣　　谢

本书的一些主要观点(第4—6章)曾经于2007—2009年在Monash、复旦大学、南洋理工大学、上海财经大学、广州暨南大学、中国人民大学等院校的研讨会与公开演讲中提出与讨论过；同事史鹤凌博士代笔者在2008年9月的澳大利亚宗教哲学协会(APRA)大会上提报论文与讨论；Monash大学的石慧同学帮忙整理参考文献，任宁与姜瑜同学改进了一些文字表述，任宁、陈军昌与王智慧两位新科博士评论了书稿；最后，而且尤其是，2006年在中国科学院理论物理研究所获博士学位，现在Monash大学物理系从事研究工作的王飞读了书稿，纠正了一些不规范的用词或翻译，特此致谢。

信念比军队还强大。信念,如果是基于真理与正义,最终会胜过步兵的刺刀、大炮的火力与骑兵部队的攻击。

——Henry Palmerston,1849[①]

[①] 引自 Collins(2010,p.110)。Lord Palmerston(1784—1865)25 岁时(1809 年),英国总理 Spencer Perceval 就要他任财政部长,他认为自己还太年轻,选择了战争部长,任期达 20 年,服务于 5 位不同的保守党总理。辉格党(Whig,自由党前身)于 1830 年上台后,又请他任外交部长。1855—1858,1859—1865,他是英国的总理。81 岁的高龄还不肯退休,直到病重不能工作。

目　　录

前言：同时去除科学与宗教的最大弱点　　　　　　　　/ 1

1　导论　　　　　　　　　　　　　　　　　　　　　/ 1
2　古典设计论被进化论淘汰　　　　　　　　　　　　/ 7
3　我们的小宇宙诡异无比，非有创造者不可！　　　　/ 27
4　我们的小宇宙的许多自然常量，非常适合生物，
　　看来应该有创造者　　　　　　　　　　　　　　/ 41
5　创世者从何而来？　　　　　　　　　　　　　　　/ 49
6　公理式进化创世论　　　　　　　　　　　　　　　/ 63
7　本来有何物？各种可能选择的合理性　　　　　　　/ 83
8　进化创世论的重要含义　　　　　　　　　　　　　/ 93

附录A　能够大量增加快乐的简单方法
　　　　——刺激大脑享乐中心　　　　　　　　　　/ 108
附录B　评笛卡儿对上帝存在的"本体论"证明　　　　/ 112
附录C　为什么问"大宇宙为什么存在"是没有意义的？/ 115
附录D　大宇宙是无穷久远与无穷庞大的　　　　　　/ 119
附录E　（最）大宇宙没有创造者，它是本来就有的　　/ 129
附录F　辩"子非鱼，安知鱼之乐？"
　　　　——用进化生物经济学反击不可知论　　　　/ 131
附录G　快乐应是人人与所有公共政策的终极目的　　/ 142
参考文献　　　　　　　　　　　　　　　　　　　　/ 161

前言:同时去除科学与宗教的最大弱点

宇宙是怎样来的?是否有一个造物主或创世者?如果宇宙是被创造的,创世者又是怎样来的?对这些看来不能回答的问题,本书都有符合逻辑与最经济的答案。

我们宇宙的许多诡异性(有如相对论与量子物理学所述的许多怪异甚至不能理解的现象与规律,以及近来发现的许多自然常数刚刚好适合生物的生存与进化等),比钟表(如果说不是人造的)还更加怪异,使人不能相信它是本来就有的。然而,如果宇宙是被创造的,创造者又是怎样来的?

虽然还有一些论争与未解之谜,大致上科学家们都同意,我们的宇宙是从约140亿年前的大爆炸而来的。基于大爆炸的理论,已经被认为是"标准的宇宙模型"(standard cosmological model, Taylor, 2008, p.18)[①]。在大爆炸后的几亿分之一秒后的演化,科学家们也有大致上共同的看法。不过,大爆炸后的一千亿亿亿亿亿分之一($1/10^{43}$)秒内的事物,科学家们却不能解释,并认为,在这"奇点"(singularity),物理学规律失效。

宇宙的起点是"奇点"。起点不但是"奇点"(singularity),

---

① Andrew Taylor 是爱丁堡大学天体物理学家。

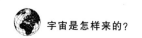

也是奇点(怪点)也。故,其点岂不是"奇点";"奇点"岂不是奇点!起始自"奇点",奇点齐齐。"奇点"岂非歧点乎?

多数科学家,尤其是那些不相信神创论的科学家,认为"奇点"之前没有时间,物质与能量、空间与时间,都是从大爆炸开始的。对"大爆炸之前是什么?"(What happen before the Big Bang?)的答案是:"没东西!"(Nothing!)①本书认为这是科学家们所相信的东西中最不能接受的,因为这违反科学的最高原则——不能无中生有(详见第6章与附录D)。无中生有违反科学最强的铁律——热力学第一定律或守恒定律。

不能解释大爆炸或"奇点"的来源,是当今科学的几个最大弱点之一(另外一个是不能解释主观意识或心灵)。本书作出一个合理的解释(解释宇宙的来源,不是解释心灵),回答了科学与哲学还未能回答的问题:宇宙是怎样来的?

一位原来不相信创世论的科学家,人类基因组计划的领头人 Francis Collins 说,"大爆炸肯定需要一个神力的解释(divine explanation)。其必然结论是自然有一个固定的起点。我看不出自然如何能够创造自己"(Collins,2006,p.67)。Collins 把创造宇宙的东西归于"一个在时空之外的超自然力量"。然而,这个超自然力量或宗教界的上帝,又是如何而来的呢?

对于这个问题,宗教界虽然有不同的说法,但大致上可以分为两类。第一是这个问题是不可以问的,或是没有意义的。

---

① 例如 Davies,2010。Paul Davies 是曾经获得多项大奖的英美澳著名量子物理学家与宇宙学家。他还算是倾向于相信神创论,曾经获得奖励对宗教与心灵问题有贡献的 Templeton 奖。

这种说法很明显的是没有说服力的；这问题很自然是应该问的，也是有意义的。第二是，上帝是自在永在，本来就有的。这个说法比第一个较可以接受，但它不但等于没有回答问题，它本身就推翻了创造论的基础。一台钟必须有制造者，如果说这台钟是一个能自动制造这台钟的机器制造的，则这机器比钟更复杂，更不可能是本来就有的！同样地，如果我们的宇宙不可能没有制造者，则能够制造我们的宇宙的上帝，更不可能是本来就有的！与其相信一个能制造钟的机器是本来就有的，不如相信钟本身是本来就有的。同样地，与其相信能够创造宇宙的上帝是本来就有的，不如相信宇宙本身是本来就有的。因此，说上帝是本来就有的，是不能接受的！这是包括基督教与伊斯兰教等宗教(不包括佛教)的致命弱点。本书替这些宗教免除这个弱点，回答创世者的来源的问题。

　　本书从五个非接受不可的公理证明进化创世论，解释了宇宙的许多诡异性，也解释了创世者的来源。

　　本书是唯物主义的极致，因为它证明，即使宇宙是创世者创造的，创世者也是物质存在进化而来的！

　　不论是根据牛津英文字典、剑桥字典(Cambridge Advanced Learner's Dictionary)、大英百科全书、维基百科(wikipedia)、牛津哲学伴侣(The Oxford Companion to Philosophy)、Merriam-Webster 网上字典等，宗教定义的基本要素是信仰与崇拜超自然的神或上帝。有些定义与有些宗教相信或要求上帝是全能的、慈悲的、无所不知的、永存的、无所不在的、至高无上的、人格化的、完美的，关心我们的，与我们进行

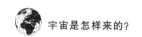

沟通的,通常也是我们以及宇宙的创造者。本书所讲的创世者,只要求它是我们(小)宇宙的创造者,不必是我们人类的直接创造者,不要求其他任何条件。因此,本书的创世者与宗教的上帝只有半个共同点,有很多不同点。更重要的是,本书的创世者是自然的,是从物质存在进化而来的,因此与宗教的超自然的上帝有本质上的不同。由于这个本质上的不同,本书以及本书论述的进化创世论是科学的与唯物主义的。

许多对于上帝的不可能性的证明(如 Martin & Monnier 2003 一书中的诸篇文章),是基于对上帝的完美性、慈悲性与全能性等要件的同时要求。本书所讲的创世者,不要求这些要件,因此不论这些证明是否正确,不影响本书论述的正确性。例如,有人相信或论述,完美、慈悲与全能的上帝所创造的世界,应该没有邪恶与不必要的痛苦,因此,邪恶与不必要的痛苦的显然存在,证明完美、慈悲与全能的上帝不存在,或我们的世界并不是完美、慈悲与全能的上帝所创造的。本书所讲的创世者,不必是完美或全能的。

英国国教(Anglican)神学家,前剑桥大学粒子物理学家,2002 年 Templeton 奖获得者 John Polkinghorne 不要求上帝知道未来的事,不过他认为这并不违反完美性或无所不知性。他说,"当然,任何一个有神论者会相信上帝知道任何能够知道的东西。不过,在一个在开展与呈现的世界,将来并没有出现而能够知道,因此,现在对将来的性质的无知,并不算是上帝的不完美"(Polkinghorne, 2008, p.283)。本书认为创世者也未必知道任何能够知道的东西。这也可以看出本书的创世者与宗教界的上帝的不同。

随着市场经济对中央计划的论争的大致消失,当今世界在意识形态上的最大论争大概是进化论与创世论或创造论(creationism)之间的论争了。本书调和了进化论与创世论,并且把它们一般化了,而且有希望进一步调和科学家与宗教界之间的对立(详见第8章)。这些调和可能对构建一个和谐社会,会有意想不到的贡献。对于人生的意义、个人的道德信仰与行为等,又会有什么特别的含义呢?

导 论

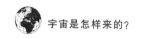宇宙是怎样来的?

1.1 五个最终极问题

笔者认为人类要思考的最根本、最终极的问题包括下述五个。

第一是宇宙的起源(及其奥秘),第二是生命的起源,第三是人类的起源,第四是心灵(或称精神或主观意识)的起源,第五是人生的目的或道德的终极原则。

最后一个问题是最简单的,早在19世纪的效用主义哲学就已经正确地回答了这个问题,道德的终极原则是总快乐的极大化。其后的论争,甚至包括效用主义者的米勒,都是在走下坡路(详见附录G)。

人类的起源在150多年前已经由达尔文的进化论所回答。生命的起源大致上已经由诺奖得主 Crick 与 Watson 对遗传基因的双螺旋结构的发现所回答(见 Watson & Crick 1953,与 Watson 1968 的叙述)。当复杂的有机分子形成双六角形的螺旋结构时,就能够自我复制,这就从没有生命中产生了生命(但是,还有一些关于我们的地球以及我们的宇宙是否有足够的时间,让这么复杂的结构能够随机形成等问题的论争;见第2章)。

剩下两个问题,宇宙与心灵的起源,还没有答案。本书试图回答宇宙的起源问题。心灵的起源的问题,困难无比,我连碰都不敢碰!(说是完全没有涉及心灵的问题,可能有些夸大其词,请参见本书书末谈关于庄子与惠子"子非鱼,安知鱼之乐?"的濠梁之辩的附录F,以及第8章关于创世者与心灵的出现的可能瓜葛）。

著名哲学家 Daniel Dennett 胆大无比，把他 1991 年的书叫做"意识被解释了"(*Consciousness Explained*)，害我花了不少时间，精读该书。虽然理解全书，却对为何能够产生意识，完全不能理解于万一①。

英国著名数学家与脑科学家 John Taylor 虽然只是把他 2006 年的书叫做 *The Mind*，但他在书中却也宣称："填补了包括他在内的此前所有意识的模式的解释上的空白"(bridges the explanatory gap；见 Taylor 2006，p. 121，p. 135)。他也害得我花了不少时间，精读该书。虽然理解全书，却对为何能够产生意识，也完全不能理解于万一。

心灵问题的世界之结(哲学家把心灵问题称为 world knot)可能是找不到答案的，但近来一些从量子物理学的观点来看心灵问题的讨论，可能比较有一些希望，虽然只还是在表皮上探索(见 Bohm & Hiley 1993，Penrose 1994，Chalmers 2002，Bernroider 2003，Stapp 2007，2009，Kafatos 2009，Kak 2009)。

1.2 时钟和石头：创造论的设计论据

如果我拿一台时钟给你看，你可能会问，这时钟是由什么厂家或在什么国家制造的？如果我说，这时钟没有制造者，它本

---

① Dennett 是美国人本主义协会(American Humanist Association) 2004 年的 Humanist of the year。Tufts 大学的 University Professor。

来就有了,你一定不会相信!然而,如果是一颗石头,你就会相信它没有制造者,就是在地上捡来的①。

给定我们现代的地球,并且不考虑石头中原子内部的量子现象,石头没有什么奇怪的设计,我们可以相信它没有制造者。相反地,时钟显然是有精确与复杂的设计,并且是为了使人们知道时间而服务的,因而必须有制造者。

从柏拉图到现在,两千多年来,设计论是创造论的最强而有力的论据。然而,我们的宇宙及其内的生物,是否有如 Aquinas 与 Paley 等创造论者所推论,必须有其创物主呢?我们的宇宙是比较像石头,还是比较像时钟?下面几章会讨论这个重要问题。

1.3 本书的结构与内容

第 2 章简单解释进化论的原理(遗传、突变与自然选择)与

---

① 这个例子不是笔者的发明。古典设结论者 Paley (1802)用过类似例子:"In crossing a heath, suppose I pitched my foot against a stone, and were asked how the stone came to be there; I might possibly answer, that, for anything I knew to the contrary, it had lain there forever; nor would it perhaps be very easy to show the absurdity of this answer. But suppose I had found a watch upon the ground, and it should be inquired how the watch happened to be in that place; I should hardly think of the answer I had before given, that for anything I knew, the watch might have always been there. (...) There must have existed, at some time, and at some place or other, an artificer or artificers, who formed [the watch] for the purpose which we find it actually to answer; who comprehended its construction, and designed its use. (...) Every indication of contrivance, every manifestation of design, which existed in the watch, exists in the works of nature; with the difference, on the side of nature, of being greater or more, and that in a degree which exceeds all computation."

支持进化论的事实(化石、物种形态、生物地理学、分子生物学、基因研究等),因而得出古典设计论必须由进化论取代的结论。这一章也讨论了:地球45亿年的历史与我们已知的宇宙(称为"小宇宙")140亿年的时间,是否足够生物的进化,并且用了笔者"更加复杂的环境有利于更加理性的物种的进化"的论据,以及宇宙的巨大,来部分回答时间不够的问题。

第3章讨论我们的小宇宙不是牛顿物理学所理解的简单世界,而是具有相对论的怪异(2+3<5)、量子物理学的诡异(包括薛定锷的猫,同时是活的,也是死的)、大爆炸之谜等,看来非有创造者不可。

第4章论述我们的小宇宙不但怪异无比,而且有许多自然常量,刚好是在非常适合稳定星球系统的形成。生物的产生、生存与进化的狭小范围,大一点或小一点都不行,看来是有意被创造出来的。

第5章设问,创造我们的小宇宙的创世者,又是怎样来的呢?本书的进化创世论认为,创世者是在包括我们的小宇宙在内的大宇宙的漫长岁月中进化而来的。

第6章用五个非接受不可的公理(不能无中生有,严格正的或然率随时间而累增,有东西存在,进化的可能,高科技的可能)证明创世者是在大宇宙的漫长岁月中进化而来的,并且创造了我们的小宇宙或与我们的小宇宙完全一样的另外一个小宇宙。

第7章比较各种对于宇宙的来源的问题的信仰或理论,包括大爆炸理论、免费午餐论、宇宙循环论、多数论、上帝创造论

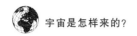

等,得出进化创世论最符合并能解释已知事实。如果不违背"不能无中生有"这个科学的最高原则,则每种理论都蕴含某种本来就有的东西。例如,上帝创造论蕴含上帝是本来就有的。根据本书的进化创世论,则可能像牛顿式的世界的大宇宙,大体不怪异的大宇宙是本来就有的(并在附录 E 证明)。这像认为石头可以是本来就有的,比较可以接受。其他各种理论所蕴含本来就有的东西,都比钟表怪异百倍,不能接受是本来就有的。

第 8 章讨论进化创世论的含义。进化创世论调和了创造论与进化论,因而对建设和谐社会应该有很大的贡献。本章也讨论了进化创世论对人生的含义,包括对唯快乐论、对灵魂与来世的含义等。

附录 A 讨论一个能够大量增加快乐的简单方法——刺激大脑享乐中心。附录 B 评笛卡儿对上帝存在的所谓"本体论证明"。附录 F 辩"子非鱼,安知鱼之乐?",并用进化生物经济学反击不可知论。附录 G 论述快乐应是人人与所有公共政策的终极目的。附录 C 至附录 E 证明大宇宙是无穷久远与无穷庞大的,它没有创造者,是本来就有的,问"大宇宙为什么存在"是没有意义的,至少没有答案。

为什么不能够接受我们的小宇宙是本来就有的?因为它比钟表还更加怪异!为什么不能够接受上帝是本来就有的?因为它比制造钟表的机器还更加怪异!为什么能够接受大宇宙是本来就有的?因为它(至少大体上)是不怪异的!

2

古典设计论被进化论淘汰

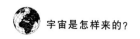 宇宙是怎样来的？

上下四方为宇，古往今来为宙。因此，所谓宇宙，应该是无所不包的。我们所知道的宇宙是大约 140 亿年以前的大爆炸（Big Bang）所产生与演化而来的世界。不能排除，在这世界以外，还有世界；在大爆炸以前，还有天地。因此，严格地说，我们所知道的这个世界，只能称为小宇宙（sub-universe）。包括我们的小宇宙在内的无所不包的，称为大宇宙（wider universe）。

我们的小宇宙，是像时钟还是像石头呢？

2.1 古典设计论被进化论淘汰

包括 Augustine of Hippo（354—430）、Thomas Aquinas（1225—1274）与 William Paley（1743—1805）等人在内的古典设计论者的主要依据是，包括人类在内的许多生物，其结构复杂无比，神奇之极，何止百倍于时钟，因而不可能是原来就有的，肯定是创物主创造的。

在达尔文进化论面世（1859 年）之前，古典设计论是很有思想的观点。如果我的祖先能够在几百年前提出古典设计论，我现在还会为他们感到骄傲。然而，达尔文的进化论是比古典设计论更加有思想、更加有说服力的观点。

进化论成功地解释了生物从简到繁的进化，其要点有三。第一是遗传，孩子像父母，老鼠的儿子天生会打洞（这点本身没有问题，但经常被绝对化与误用）。

第二是遗传过程中的变化。孩子虽然像父母，但不是百分之百，尤其是当两性繁殖出现后。一个孩子的基因一半来自母亲,一半来自父亲,因此,也像母亲,也像父亲,但却不是百分之百像任何一个,因此就有了差异。长期而言,造成重大差异的主要是基因的突变(mutation),其他还有基因的漂移(genetic drift)等。

突变是遗传过程中的随机失误。例如我们复印文件,复印件与原件相似,但偶尔会出现失误,例如多出一个黑点,或缺少一部分。造成突变的原因包括遗传分子受辐射线影响而改变。例如有些孩子天生有六个手指或只有四个手指。

DNA中每一个基本环节在每一代中产生突变的或然率大约是一亿分之一①。对于像人类这样,基因组中有几十亿个基本环节的生物,每一代都可能有几十个环节有突变,但绝大部分的突变都是无关紧要的。对于那些关系紧要的突变,绝大部分都是不利的。例如一个人,如果少了一条腿则不能走路,多一条腿也很累赘,并且增加身体的负担。这种不利的突变不会广泛遗传下来,因为还没有长大就被老虎吃掉了。不过,在千千万万的随机突变中,偶尔会有一些突变是对个体的适生性有利的,帮助这个个体活得更久,传下更多后代。它的后代,也比其他没有遗传到这种有利的突变的个体,传下更多的后代。这样,久而久之,这种物种就绝大多数都被具有这种突变的基因的个体所取代。这就是自然选择,也就是进化论的第三个要点。

---

① DNA 是 Deoxyribonucleic acid 的简称,中译脱氧核糖核酸,也称为"遗传微粒。" DNA 是由四种核苷酸组成的,也是染色体(Chromosome,细胞内具有遗传性质的物体)的主要化学成分。

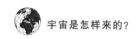

进化论得到许多事实的支持。第一，化石的记录显示进化的过程，从远古到近古，从简单到复杂，逐渐进化，虽然也不排除在逐步进化的均衡中，偶尔会有比较快速的演化，例如所谓"间断均衡"(punctuated equilibrium)。

反对进化论的宗教界人士说，化石的记录所显示的进化过程，有许多空缺的环节(missing links)，因而不能支持进化论。我认为，空缺的环节反而提高化石记录支持进化论的可靠性。地球这么大，几百万、几千万年，甚至数亿年前深埋在地下的化石，除非科学家们大量弄虚作假，否则不可能有完全完整的记录。而且，随着考古研究的进展，这些空缺的环节也有许多被陆续填补。例如，近年 Shubin 等（2006）发现介于鱼和陆地生物之间的一个叫做 Tiktaalik 的物种。Pietsch 等（2009）也在印尼发现还生存着的介于鱼和陆地生物之间的物种。（对其他"空缺环节"的填补，见 Martin 2004。）因此，我认为，用空缺环节来反对进化论，是低层次的争论。

下文会提到一个高层次的质疑进化论的论点。现在先说一个更加低层次的反对进化论的争论。我听过很多人说，"如果人是猴子进化而来的，为什么现在猴子并没有进化成为人呢？"不去计较人猿与猴子的区别，这也是一个非常低层次的看法。首先，进化是很缓慢的过程，一般上至少需要几百代几千代才能有明显的差异。即使猴子现在正在进化为人，在几百年内也无法可以明显地看出来。其次，猿猴现在多数已经没有能够进化为人的客观条件。

实际上，对那些时间很短就能传很多代的物种，科学家们观察到许多正在进化的物种。例如，在英国，习惯停在白色树干上休息的一种飞蛾（叫 peppered moth），原来是白色的，因为比较不容易被捕食飞蛾的飞鸟所看到（保护色）。工业革命后，工厂的污染，使树干变成灰色。白色的飞蛾的保护色作用大为减少。后来变异出一种灰色的，由于减少被飞鸟捕食的或然率，经过许多代之后，灰色的取代白色的飞蛾。

第二，物种形态上的相似，提供比化石更加强而有力支持进化论的论据（见 Sarkar 2007，p.7。）例如，蝙蝠与鸟类的翅膀，海豚的鳍，与哺乳动物的前肢的骨骼很相似。（Sahotra Sarkar 是美国生物与哲学家。）

第三，从达尔文到现在，生物地理学为进化论提供很强的证据。其中一个著名的例子是达尔文论述的 Galápagos 群岛的燕雀。研究显示，这些燕雀的喙形状在不同的岛屿的差异，是和适生性（适合生存与传宗接代；fitness）极大化的自然选择在不同岛屿的不同条件相一致的（详见 Weiner 1994 的精细论述）。

第四，这半个世纪以来分子学的研究，也为进化论提供很强的证据。例如，任何两个在进化上相关性比较大的物种，它们的分子也比较相似。

第五，近年关于基因作用的研究显示，同样的基因对很不同的物种贡献同样的功能。例如，同样的骨形态形成蛋白质 4（BMP4）的基因，使 Galápagos 群岛的一种叫做 G. magnirostris 燕雀的喙又阔又深（方便吃大颗的种子），也使非洲大裂谷的一种棘鳍类热带淡水鱼（cichlid）的口骨又厚又有力（Ridleys,

2009, p. 64)。(Matt Ridleys 是牛津大学动物学家。)又如,同样的叉头框 P2(FOXP2)基因,对人类的语言与鸟类的歌唱功能有类似的作用;这基因的变异,会使人类的语言与鸟类的歌唱功能产生类似的缺陷(Scharff & Haesler, 2005)。(Constance Scharff 是柏林自由大学动物行为系主任;Sebastian Haesler 也是该系学者。)

第六,近年关于基因的研究也显示,不同的物种拥有许多同样的基因,这与它们有共同的祖宗是一致的。当然,这本身不能证明进化论,因为即使创造论是对的,不同的物种也很可能拥有许多同样的基因,就像我们制造的不同工具,像脚踏车(很奇怪,北方人把这叫做"自行车",好像是说,你坐上去,不必踏,它就会自动行走。根据任宁同学说,"自行车发明之初,并没有现在的脚踏板以及链条之类的传动装置,其作用主要是可以跨坐其上,用脚蹬地,依靠惯性和重力滑行",故称自行车)、飞机、汽车等,都有轮子,因为它们执行类似的功能,可能需要类似的机件。

然而,有许多已经没有功能的基因,甚至有些已经被突变"砍掉了头"(失去了上端部分)的基因,还是通过一代一代的遗传被保存下来,叫做"古老重复因素"(ancient repetitive elements)。老鼠与人类、黑猩猩(chimpanzee)与人类之间都存有这种同样被"砍掉了头"的"古老重复因素",而且是在同一个环节出现。如果我们和老鼠没有同一个祖宗,很难解释这种现象。因此,一位原来不相信创世论的科学家,人类基因组计划的领头人 Francis Collins,在论述他为什么相信上帝与创造论的

著作 *The Language of God* 上也不得不说,"除非愿意相信上帝故意把那些被砍掉了头的'古老重复因素'放在那些特定的位置,来迷惑与误导我们,老鼠与人类有共同的祖先的结论是不可避免的"(Collins,2006,pp. 136-137)。

人类的一个叫做半胱氨酸蛋白水解酶 caspase-12 的基因,突变后已经失去了原有的功能,但它还存在,并且在与黑猩猩的这个基因的相对位置完全一样的地方。在包括黑猩猩与老鼠的许多哺乳动物中,这个基因的功能还存在。"如果人类来自上帝在一个超自然的特殊创造中,为什么上帝要在人类的基因组中插入这个没有功能的基因,并且是在准确的同一个地方?"(Collins,2006,p. 139)。

第七,直到目前,从非生物的化学成分,科学家只能得出组成生物的成分,还不能得出能够自我复制的生物。然而,2010年5月20日,在 *Science Express* 发表了一篇会引起许多争论的文章,因为出现了人造生命!文章的题目是《制造一个由化学组合的基因组控制的细菌细胞》。美国的 J. Craig Venter Institute 的科学家们(由 J. Craig Venter 与 Daniel G. Gibson 领头),把化学组合的基因组移植到一个细菌细胞,成为一个新的细胞,而这个新的细胞完全由人造(人工化学组合)的染色体所控制。这个新的细胞所有的 DNA 都是人工化学组合的,能够重复自我复制(详见 Gibson,et al. 2010)。虽然不是完全人造,因为使用一个原来就有生命的细胞,但这个细胞的 DNA 被人工化学组合的 DNA 所取代了,大体上可以说是人造生命(原来的细胞有原来的与另加的人工 DNA,但通过分裂后,下一代有

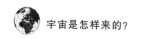

些细胞只有原来的 DNA，有些细胞只有人工的 DNA)。

如果把一个人的头或者只是他的脑，接在手脚身体都是机器的躯体，这个看起来像是机器人的人，实际上基本是生物人，因为决定他的思想、感受与控制他的躯体的头脑是生物头脑。因此，决定一个生物是否是人造的，主要不是其躯体，而是控制躯体的东西。对于人这东西是头脑，对于细菌这东西是 DNA。因此，上述新的细菌细胞，至少大体上说，是人造生命。生命可以人造，大大支持进化的理论与事实。

Venter 说，"这是第一个人造(synthetic)细胞。我们说它是人造的，因为这细胞完全来自人造的染色体。这染色体是用四瓶化学品，在一个化学合成器制造的，信息则是从计算机来的。"[关于人造生物的进展与问题，见 Kämpf & Weber (2010) 的综述。]

第八，有些反对进化论的人认为，人是有心灵、有智慧、有道德良心，甚至是有宗教信仰的动物，不可能是从没有生命的物质进化而来的。本书在第 1 章已经承认，至少到现在甚至在可以预见的将来，科学还不能解释主观意识或心灵。心灵可能是特别的，可能并不能从物质进化而来。不过，在我们肯定之前，我们是否应该想想，在 Crick 与 Watson 发现双六角形能够自我复制的分子之前，人们(包括笔者)多数会认为，没有生命的东西怎么能够变成有生命的呢！因此，对这世界之结，本书认为应该存疑。

不过，给定主观意识的存在，则有道德良心，甚至是宗教信仰等都可以用进化论来解释。人类是社会的动物，人类或其前类随机变异而来的道德感（约于 600 万年前出现），有助于人们之间的合作，增加人类的适生性。（关于人类的感情与道德感与行为的生物学基础，见 Hauser，2006；Konner，2002。关于猴子对公平的感受与行为，见 Brosnan & de Waal，2003。）几年前，Richard Ebstein 等以色列科学家发现，大脑内的多巴胺 D4 受体基因（Dopamine D4 Receptor）与人们的利他主义行为有很大的正相关（Bachner-Melman 等，2005）。人们对公平的感受与行为，也会由于大脑内的前额叶皮层背外侧区 DLPC（dorsolateral prefrontal cortex）受到电流的干扰而丧失（Knoch 等，2006）。宗教或宗教式信仰也加强人们的社会性发展，有利于生存。关于宗教的生物学基础，上帝基因（DRD4）的存在，以及刺激大脑某个部位能够引致"天地与我共生，万物与我为一"的神秘宗教式感觉。（见 Comings，2008；Hamer，2005；Persinger，1987；Tiger & McGuire，2010）。

第九，还有许多细节，让人相信，比起上帝直接创造各种物种与人类，进化论是比较可以接受的，例如熊猫笨拙的拇指与人类的盲肠，可以用进化论解释，却很难与高智能设计（尤其是对于一个全能的创始主）相符。

这里不必为进化论进行长篇累牍的论证，有兴趣的读者可以参读有关书籍，例如 Carroll，2005；Coyne，2009；Darwin，1859，1871；Dawkins，1986，2006，2009；Futuyma，1997；Sarkar，2007；Scott，2004。要强调的是，2006 年 9 月，英国皇家学会宣称，人为的全球暖化，已经是与地心吸力（即万有引力）、与进化论同样是完全确定的事实。因此，进化论几乎是百分之百正确、无可争辩的。读者们即使认为本书的判断未必可靠,但至少可以相信英国皇家学会的科学家。

进化论虽然可信,但它只能适用于生物,因为只有生物才有遗传。30多亿年前的地球,如何能从没有生物变成有生物呢?活的生物能够通过遗传-变异-自然选择而进化,但是死的东西怎么能变成活的生物呢?

有如导论中所述,这个几乎是无法回答的问题,大致上已经由 Crick 与 Watson 对遗传基因的双螺旋结构的发现所回答。当复杂的有机分子形成双六角形的结构时,就能够自我复制,这就从没有生命中产生了生命。

因此,我们现在不必为地球上的生物寻找创造者。现代创造论者,是从我们的小宇宙的奥秘来着想(见第3与第4章)。在讨论这个重要问题之前,先考虑一个比较有水平的质疑进化论的论点。

2.2 没有足够时间进化为人类?

一个比较有水平的质疑进化论的论点是,即使不根据《圣经》所说的6000年历史,而根据科学家们估计的45亿年的地球历史与生物在地球的35亿至40亿年历史,时间也远远不足够让非生物进化为生物,让单细胞生物进化为人类。

根据科学家们的估计,从最原始的无细胞结构生物进化为有细胞结构的原核生物,从原核生物进化到真核单细胞生物,从单细胞生物进化为多细胞生物已经用去30多亿年,剩下7亿年左右的时间,从无性繁殖进化到有性繁殖,按照不同方向发展,出现了真菌界、植物界和动物界。植物界从藻类到裸蕨植物再到蕨类植物、裸子植物,最后出现了被子植物。动物界从原始鞭毛虫到多细胞动物,从原始多细胞动物到脊索动物,再演变成为脊椎动物。脊椎动物中的鱼类又进化到两栖类再到爬行类。约在2亿年前进化出哺乳纲,哺乳纲中的一支于约4 000万年前进一步发展为灵长(Primates)目,于250万年前出现人(Homo)科,于约50万年前出现智人(Homo sapiens)。

对我们"人生七十古来稀"的个人寿命来说,40亿年或是7亿年都是很漫长的时间。然而,要知道,根据进化论,物种的进化源于遗传、随机变异和自然选择(见上一节概述)。随机变异绝大多数是变得更不适合生存,不会有进化。可能每几代中有一个变异,每几千个变异中有一个适合生存,每几千个适合生存的变异累积成一个新的物种。因此,单单一个新物种的进化就需要很长的时间。要让非生物进化为生物,让无细胞生物进化为多细胞生物,从没有主观意识的生物进化到有主观意识的生物(这本身就是难以理解的登天式跳跃),以及到具有高度感受、情感、智能与创造性的人类,需要经过千千万万次重大进化。几十亿年的时间真的很短!

其次,自然的随机进化并非直线上升,而是曲折迂回,包括退化与绝灭(例如恐龙的灭亡)。因此,需要的时间很长。相对而言,几十亿年的时间真的很短!

组成生物体的蛋白质由氨基酸组成。构成氨基酸的多肽

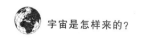

链（polypeptide chain）有超天文数字（10^{143}）的折叠自由度。即使不是随机，而是极快速（例如每亿分之一秒十次）尝试每个不同的折叠方式，也要有比宇宙自大爆炸以来更长的时间，才能找到正确构成蛋白质的折叠方式。然而，多数小型蛋白质在千分之一秒甚至百万分之一秒内就能自发折叠成正确的方式。这就是 Levinthal（1968）悖论。[Cyrus Levinthal 是美国麻省理工学院（MIT）与哥伦比亚大学的分子生物学家。] Hoyle（1983）也论述过，在地球上随机出现自我复制的分子在概率上是几乎不可能的。（Fred Hoyle 是得过多种奖项，包括英国皇家天文学会金牌的剑桥大学天文学家，英国皇家学会的院士。）

不过，地球上的生物，可能起源于外空，从陨石、彗星或星际残余对地球的轰炸而来（Crick，1981；Brownlee，2009；Sidharth，2009）。带来的未必已经是生物，也可能是生物的组成部分，例如氨基酸，到了地球再继续进化。在一些彗星与陨石中都曾发现氨基酸。

氨基酸有些是左旋分子，有些是右旋分子。在实验室中产生的氨基酸是左旋分子与右旋分子各半。在这种情形，这些分子没有发生与光有关的相互作用。但是，在有生命的过程，左旋分子大大多于右旋分子。在陨石中发现的氨基酸，恰恰就是左旋分子大大多于右旋分子的！这使像光合（亦称光化）作用的有生命的过程成为可能（Sidharth，2010）。（B. G. Sidharth 是印度 B. M. Birla 科学中心的主任。）

然而，根据大爆炸理论，我们的宇宙也只有约地球的三倍

2 古典设计论被进化论淘汰

时间的历史,140亿年。还是太短了。

虽然也有些科学家质疑大爆炸理论(如 Joseph, 2010; Lal, 2010),然而,255 名美国科学院院士在关于《气候变化与科学正直性》的公开信[载于《科学》(*Science*),Vol 328, Issue 5979, pp.689-690, 2010 年 5 月 7 日]上说,"有确凿的科学证据表明我们的星球的年龄大约是 45 亿年(地球起源理论),我们的宇宙是在大约 140 亿年前的一次事件中诞生的(大爆炸理论)"(方舟子翻译)。因此,本书接受这些推论。[有许多支持(甚至可以说是证实)大爆炸的事实,包括宇宙在膨胀、大爆炸残留的宇宙微波背景辐射、氢与氦在宇宙间的大量存在等。详见 Feuerbacher 与 Scranton, 2006。]

从 1991 年开始的 20 年间,由 Phillip Johnson 提出,Michael Behe 与 William Dembski 等人发展的所谓智能设计论(Intelligent Design)引致了许多争论(详见 Pennock, 2001)。智能设计论的特点不在于怀疑生命自然出现的可能,而是怀疑像人类的眼睛与细菌的鞭状体(flagellum)这么具有"不可简化的复杂性"(irreducible complexity)的东西,能够自然进化而来。这些复杂性虽然令人非常惊讶,但也不是完全不可能从自然进化中产生。

一个增加能够自然进化成看来是"不可简化的复杂性"的或然率的机制是,基因的重复复制。例如,某个基因 A,有提供某种必要的功能 X 的作用。要从基因 A 随机进化到更加有利生存的基因 B,通常需要很多次的突变。然而,当基因 A 突变为 A'时,通常会使功能 X 丧失或减少,使个体不能生存,完全不能进化到 B 的水平。然而,基因有时会重复复制。基因 A 复制成同样的 A1 与 A2 两个,其中一个例如 A1 继续提供 X 功能,另外一个 A2 就可以进行突变,经过多次突变成为 B 后,能够更好地提供功能 X,或提供取代功能 X、并且比 X 更好的功能 Y。之后,A1 就可以通过突变而消失,从 A 到 B 的进化就不会造成个体的死亡。

基因的重复复制,起初应该是突变。然而,由于基因的重复复制能够通过上述机制增加适生性,有倾向于重复复制的基因,或使其他基因倾向于重复复制的基因,就会在突变形成之后,通过自然选择而保存下来。

相信上帝的 Collins(2006, p.188)也不得不承认,"现在看来是,许多不可简化的复杂性,实际上并非不可简化,智能设计论的基本科学论据正在崩溃中。"因此,需要考虑的论点,还是时间是否足够的问题。

在我们考虑(第 8 章)另外的可能原因(创世者的"看不见的手")来回答时间不够的问题前,在此先提出两个能够部分回答此问题的道理。

第一个是笔者(Ng, 1996)曾经论证过的,更加复杂的环境有利于更加理性的物种的生存与进化。复杂物种又使环境变得更加复杂,而这又反过来促成了物种向更加复杂的形态演化。这个良性循环部分地解释了主要基于随机突变和自然选择的进化为何如此迅速。

生物进化的历史,显然是向更加复杂和理性的物种进化,而且进化的速度是递增的①。从大约 30 亿到 40 亿年前在地球的生命起源开始,经过了超过 10 亿年才出现有氧光合作用;接着,又经过了大约 3.3 亿年,第一个真核细胞才出现;再过了大约 3.3 亿年才出现了第一个多细胞海藻,又经过 2.5 亿年才出现了第一个多细胞动物。从此以后,进化的速度迅猛增加,总共用了大约 6.6 亿年的时间就接连出现了软体动物、鱼类、两栖动物、爬行动物、哺乳动物、鸟类、灵长类动物和智人。虽然在这段时间里发生了几次大规模的灭绝,也经历了冰河时期(见例如 Milne 等,1985)。可能我们应该把"虽然"改成"部分的原因是",因为也许灭绝实际上加速了进化演变,在谱系内(没有发生灭绝)的进化可能会比较慢,而且没有那么剧烈。

进化过程尤其在其后期速度惊人,这已经被作为一个理由来驳斥否认创世主的干预的观点。在如此短的时间里,仅仅依靠自然选择,突变的随机过程怎么能够产生像智人这样复杂的有机体呢?笔者关于复杂生态位(nich)有利于更加理性物种进化的理论提供了部分答案。

在生物进化之前,环境普遍非常简单。简单有机体的出现

---

① 的确,"对这个星球上生命的历史记载,无论是动物还是植物,脊椎动物还是无脊椎动物,都表明那些存在于现今的有机体之所以在这里不是因为它们沿着一条复杂性渐增的道路在前进,而是因为它们分散于各种不同的道路,并且与各自所通往的环境相适应。在有些情况下,那种适应性要求复杂性渐增。在另一些情况下,则需要简单性渐增"(Hodos, 1982, p.40)。但是,存在一种复杂性增强的趋势是无可否认的。举一例来说,大约在 15 亿年前,最复杂的有机物大概最多也就像变形虫那样。从(大约 30 亿年前的)蓝绿藻到(仅在大约 40 万年前出现的)现代智人,存在于各个时代的最复杂物种的复杂性几乎是单调递增的。

增加了环境的复杂程度,从而又加强了向更加复杂的物种的进化。并且,更加复杂的物种必须以相对简单的物种为基础。一个非常复杂的物种不可能从一个非常简单的物种通过单一突变进化而来。尽管有一些比达尔文渐变进化论更新的理论,比如间断均衡论(punctuated equilibrium),但是没有人可以想象出一个剧烈的突变,比如从青蛙一步到位变成猴子。所以,更加复杂的物种的进化使得愈加复杂的物种的进化成为可能并且更有优势,因为所产生的更加复杂的生态位有利于更加复杂的物种。之所以会这样,是由于在一个简单的环境中,物种只需要有一些固定的反应便可以生存。环境越复杂,这些固定反应的成功率就越小,从而有利于更加理性的物种的生存。

因为大脑是已知的最复杂的物质,并且也是有机体行为的控制中心,所以大脑和身体大小的比例是对有机体行为复杂性的一个较好的度量。一个更好的度量可能是对 Jerisen (1973, pp.57—62)的等式的正比例偏离程度:脑重量=(体重)$^{\frac{2}{3}}$的一个常数比例,这一偏离就是大脑化指数(encephalization quotient)。幂指数为$\frac{2}{3}$的原因是身体表面积随着长度、宽度和厚度的比例增加的平方而增长,而体重却随其立方而增长。于是(脑重量)$^{\frac{2}{3}}$的增长仅仅是用来协调身体知觉和身体行动方向的。那么超出的部分就可以视为一种对智力的度量了。像我们所期望的那样,按照这一度量,现代智人位居第一。大致而言,从鱼类、爬行动物、鸟类到哺乳动物,以及特别是灵长类动物,大脑化指数是累进性增加的,虽然有一些重叠。Hodos

(1982,p.45)引用了 Jerison(1973)来反驳这个大致论断。但是,Jerison 有高引用率的数据和回归明显支持这个论断,很少有重叠。(Harry Jerison 是美国在洛杉矶的加州大学神经病学与行为科学系的已退休教授。)

随着进化产生了有感知能力的物种(定义为那些拥有主观感受能力的物种,详见 Ng, 1995)之后,另一种关于物种复杂性的度量是物种个体的理性程度。这里,一个更加理性的物种定义为(其个体)行为(相对)更多地受控于赏罚系统而不是由自动与刚性的本能反应的物种,其中赏罚系统是有感知能力的物种的特征。在 Ng (1996)一文中,笔者构建了一个简单而合理的模型,严格证明更加复杂的环境有利于更加理性的物种的进化。基本要点在于,更加复杂的环境增加了与适生性相一致的行为模式的难度,从而增加了对理性的边际投资回报。

要判断哪些物种(其个体成员)拥有主观感受是很困难的。但是,我们几乎百分之百地确定人类的大部分成员都拥有主观感受。大多数人也相信猫狗等有主观感受。如果我们相信主观感受是在自然选择过程中由进化产生的,而进化在很大程度上是渐进的,那么我们也必须相信由之进化到人和猫狗的一些较低级的物种也应该具有一些简单形式的主观感受。另外,利用一些从进化生物学角度而言可以接受的公理,笔者(Ng, 1995)证明了诸如哪些物种具有主观感受的问题(显然这类问题在科学上非常难以处理),可以转化为一些关于有机体行为的弹性的问题,而这些问题在科学上更加容易处理。那篇论文也提出了一个新的研究领域"福祉生物学"的三个基本问题并且提供了回答:哪些物种可以感受到快乐和痛苦？它们的福祉（快乐减去痛苦）为正吗？怎样才能增加它们的福祉？

第二,我们这个所谓小宇宙,其实巨大无比。根据这个巨大的性质,也可以部分地回答进化的时间不够的问题。这是为什么呢？

如果你随便从地上捡一块石头,这石头的形状很像一只兔子的或然率很小很小,不到 0.000 1%。不过,每条河畔,每处海边,每座山,每个乡村,大都有千千万万的大小不等的石头或沙粒。整个地球至少有几千万亿亿颗石头或沙粒。这些石头或沙粒有各种不同的形状,其中至少有几百颗看来很像一只兔子的或然率至少是 99.9%。

光在真空的速度是每秒钟约 30 万(299 792 458)公里。月球离开地球平均约 38.4 万多公里,光只要不到 1.3 秒的时间就能从地球到月亮,而高速的太空船要很多个月才能到达,可见月球离开我们很远。从地球到太阳,光要超过八分钟的时间才能达到,可见太阳比月亮远几百倍。光一年能走的距离叫做光年,约等于 95 000 亿公里,是从地球到太阳的 6 万多倍。从我们的银河的一端到另一端,有 10 万光年。以宇宙间最快的光速也要 10 万年才走完！离开我们银河星系最近的另一个星系(Andromeda)在 250 万光年以外。用哈勃(Hubble)太空望远镜可以看到百亿光年以外的星系。

单单我们的银河系就有几千亿颗像我们的太阳的恒星,而在可以看见的范围,至少又有几千亿个像我们的银河的星系。因此,至少有以千万亿亿计的恒星。即使其中仅

0.000 000 001%有适合生物的行星,也有数以万亿计的有生物的星球。这些星球上生物的进化速度受随机因素影响,有些比较慢,有些比较快,有很少部分非常慢,也有很少部分非常快。既然我们在40多亿年就进化成为智人,我们大概是属于那些随机因素刚好使之进化得非常快的很少部分的星球。

如果我们相信,即使在适合生物生存的地球这样的行星,在几十亿年内进化为人的或然率很低,而要靠许多在进化之中的少数进化得非常快的很少部分的星球中包括我们地球,来解释在几十亿年内进化为人的可能性,则有一个很具现实意义的含义。这就是,寻找外星智能(SETI, search for extraterrestrial intelligence)的成功或然率很低。既然只有很少数适合生物生存与进化的行星有可能在几十亿或一百多亿年(我们的小宇宙约140亿年的历史)内进化到高智能的水平,那么这些高智能的生物多数离开我们地球很远,因为宇宙很大。

法国的人造卫星CoRoT近来(2010年3月17日宣布)发现第一颗可能比较像我们地球的行星CoRoT-9b,大小像木星,绕其恒星的轨道像水星。与其他几百颗已经发现的太阳系以外的行星不同,CoRoT-9b的温度不是太冷或太热,接近我们的火星,比较可能适合生物的生存。不过,它离我们1 500光年!

即使很乐观地估计,假定单单在我们的银河系就有数千颗行星、有高智能的生物,它们离地球最近的大概也有几千光年或更远。银河系从一端到另外一端有十万光年之遥,其体积(包括空间)以百万亿立方光年计。即使我们所发出的信号没有被黑洞吞掉,我们大多也必须等待几千年或更久的时间,才能收到第一个回音。

另外,为什么要寻找外星智能呢?假定在几百年前,我们还不知道地球上各地的情形,我们的船坏了,在一个荒岛上。如果我们生活没有问题,我们是否应该敲锣打鼓大声喊叫,"这里有人吗?"这样做可能会引来野兽或野人,把我们吃掉!当科技水平较高的英国人到北美后,北美的红印第安人是被驱赶,而不是被帮助。因此,那位著名的坐轮椅的物理学家 Stephen Hawking 最近(2010 年 5 月)在电视频道"发现"(Discovery)节目"Stephen Hawking's Universe"中说,他确信外星人存在,但认为我们应该避免与他们接触,因为多数对我们不利。我同意他的看法,但我认为危险的或然率很小,因为有高智能的生物即使存在,多数在几万几亿光年以外,并不容易接触。我也不相信,要打破爱因斯坦的光速(在真空)极限,是像科幻小说中所描述的那么容易。因此,我同意 Sidharth (2010)与 Wickramasinghe(2010)的看法,认为我们面对从太空来的较大危险,是细菌与病毒可能带来的疾病,而不是智能高强的太空人。(Chandra Wickramasinghe 是英国 Cardiff 大学天体生物学中心主任。)

我们的小宇宙诡异无比,非有创造者不可!

如果我们的小宇宙是牛顿式的,则没有什么奇怪,不需要有创造者,因为它像石头。当然,即使牛顿式的世界也可能有创造者,就像石头也可能有创造者。但是,它们不是一定需要有创造者。

当然,我们的小宇宙的物理特性,现在和牛顿时代没有什么大区别。所谓牛顿式的世界,是指牛顿时代的物理学家们所认识的世界。

牛顿式的世界(或物理学),也称为古典式的世界(或物理学)。不过,人们讲"古典物理学",有时候包括、有时候不包括爱因斯坦的相对论在内(也有根据包括或不包括相对论而称为古典与经典物理学的)。我指的是不包括爱因斯坦的相对论在内的古典物理学,称为牛顿式比较不会被误解。

在牛顿式的世界里,一加一等于二,二加三等于五,没有什么奇怪。例如,如果一辆很长的列车在地面上以每小时20公里的速度行驶,列车上有一辆汽车以(相对于列车)每小时30公里的速度,和列车同方向行驶。在牛顿式的世界里,汽车相对于地面的速度是每小时50公里。这没有什么奇怪。

再如牛顿的引力法则。任何两个物体之间的引力,与这两个物体的质量的乘积成正比,与它们之间的距离的平方成反比。这也没有什么奇怪,而且很容易理解。如果没有东西,就没有吸引,也没有被吸引的质量。质量越大,越能吸引他物,也越能被他物所吸引。因此,引力与这两个物体的质量的乘积成正比。

由于空间是三维的,当一个圆球的半径增加到原来的两倍

(例如从一公尺增加到二公尺),其球面的面积增加为原来的四倍,也就是与半径的平方成正比。因此,当两个物体之间的距离增加到原来的二倍时,它们之间的引力被分散到原来四倍的范围,彼此之间的引力就只有原来的四分之一。因此,引力与物体之间的距离的平方成反比(参见图 3.1,其中 C_2 的面积为 C_1 的四倍)[①]。

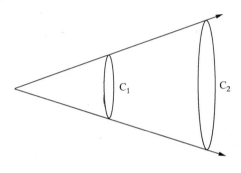

图 3.1

即使不考虑量子物理学及后来的发展,单单超过一个世纪前已经发现的爱因斯坦相对论,就已经使我们知道我们的小宇宙的怪异特性。而这已经被后来的实验与发现所证实。

例如上述列车与汽车的情形,在牛顿式的世界里,汽车相对于地面的速度为每小时 50 公里。但在爱因斯坦的世界里,汽车相对于地面的速度小于每小时 50 公里;20+30<50! 更有甚者,如果把光速(在真空)记为 c,则根据相对论,$0.999c + 0.999c = 0.9999\cdots c$。

---

① 当然,根据广义相对论,是质量对时空造成扭曲。

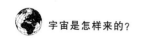

根据相对论,速度增加,则长度减少,时间变慢。受质量影响的空间的曲度也会影响时间。所谓"山中方七日,世上已千年"的神话,变成可能!这样的世界,你说是像石头,还是比时钟更奇怪?

如果相对论的世界还不够怪,那量子物理学的世界肯定诡异无比。相对论的世界虽然怪,但还能理解。只要速度增加,则长度减少,时间变慢,而且变化的程度刚好使光的速度相对任何坐标都相等,则有爱因斯坦狭义相对论的世界。你还是可以问,为什么会这样变?(没有人能够回答或解释,只能接受是宇宙的怪性,或是创世者的杰作。)但是你可以理解,如果是这样变,则有相对论的世界(参见 Cox & Forshaw, 2009)。

其实狭义相对论就是根据光的速度相对任何坐标都相等(及一些基本恒定性 invariance)推论出来的。接受光的速度相对任何坐标都相等的事实,推论并不是太难。但是这事实太怪异。你驾车向北走,我驾车向南走,同一辆列车的速度,相对你与相对我应该是不同的。不过,如果这列车(或光子)是以光速走,则其速度相对你我都是一样的!怪不怪?

笔者在写博士论文时,曾经花了整整两个星期的时间,读爱因斯坦的相对论,并且读通了。任职正教授之后,也曾经花了整整两个星期的时间,读量子物理学。虽然文章与书本中所说,几乎都明白,但就是觉得不是真正了解量子物理学。约两年前,笔者和一位同事提起这件事。他借笔者一本关于诺奖得主量子物理学家 Richard Feynman 的书。书中提到 Feynman 曾经说过,"如果你认为你了解量子物理学,那你肯定不了解量子物理学!"。笔者读到这句话后很高兴,向那位同事说,"我可能还是懂得一些量子物理学,因为我向你说过,我认为我不了解量子物理学!"

量子现象的怪异程度,使绝世天才如爱因斯坦与 Feynman 都不能理解与接受。爱因斯坦当然不必说,Feynman 被认为是非一般的天才。他在量子物理学的贡献不但让自己获得诺贝尔奖,还被认为是爱因斯坦后几个对物理学贡献最大的科学家。有人举出他(与另外一位)为贡献实际上超越轮椅科学家 Hawking 的例子。而且他在许多其他方面也有近乎"特异功能"的才能,例如他能够解开几乎任何密码锁头。(关于 Feynman 的经历与贡献,见 Feynman et al., 1985 与 Gribbin & Gribbin, 1997。)

虽然早年时爱因斯坦、Schrodinger 与 Dirac 都认为量子力学只是临时理论,然而,基于量子场论的粒子物理学,从 20 世纪 70 年代到现在,已经被接受为"标准模型"(Taylor 2008, p. 18; Andrew Taylor 是爱丁堡大学天体物理学家)。

一些量子物理学的怪异现象(如果可以说是现象)大致如下。

1. "实际上粒子可以在时间上走回头路,并且在其相互作用的芭蕾舞中继续在时间上倒退"(Ford, 2004, p. 85)。严格地说是,"粒子沿着时间演化也可以认为是反粒子沿着反时间演化"(王飞,私人通信)。(Kenneth Ford 是已经退休的 American Institute of Physics 的前主任。)

2. "通过量子隧道(quantum tunneling)而使你穿过一道砖

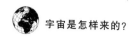

墙的或然率几乎等于零,但不是确然等于零"(Ford,2004,p.128)。茅山术可以穿墙过壁的"邪说",已经不能够说是绝对不可能了!

3. "态叠加(superposition)并不是说一粒电子可以有不同的动量,只是我们不知道是哪一个动量;它是指这个电子就真的同时拥有所有不同的动量。如果你不能想象这个可能,不必担心;量子物理学家也不能想象。"(Ford,2004,p.228)。

4. 薛定锷(Schrodinger)所说的那只猫,同时是活的,也是死的,至少在我们还没有观察它,而使其波函数(wave function)坍缩(collapse)之前是这样。

5. 量子物理学中的 Heisenberg 不确定原理(一般被误译为测不准原理)是事物的固有性质,而不是因为我们不知道或衡量不精确。是没有原因而自动发生。爱因斯坦不相信上帝掷骰子,但是,整个世纪以来,量子物理学一直被证实,没有被推翻。看来好像是事物自己掷骰子!

译为测不准原理,好像是事物本身是确定的,只是我们量测不准。如果是这样,并不奇怪。然而并非如此。剑桥大学应用数学与理论物理学研究教授 John Barrow 说,"并非状况本身有固定的位置与动量,只是因为在衡量它时改变其情况,而使我们不能确定;而是当我们进入量子体系时,古典的位置与速度的概念不能够共存"(Barrow 2000,pp.203-204)。

6. 杨氏(Thomas Young)双缝干涉实验:让光线从两个细缝或两个小洞通过,照射到后面的板上呈现的光谱,会有两道光波相互干涉的现象。这不奇怪,只说明光有波的特性。把光

3 我们的小宇宙诡异无比，非有创造者不可！

线减弱到可以看到光子是从其中一个例如 A 洞通过，则不出现干涉。如果不去观察它，它可能从 A 洞，也可能从 B 洞通过，则还是会出现干涉。奇怪在于，是否出现干涉，取决于人们是否观察它，知道它是从哪一个洞通过。更加奇怪的是延迟实验。让光通过其中一个洞后，再决定观察或不观察。结果依然是，如果决定不观察，没有干涉；如果观察，则有干涉。好像光事先会知道人们事后的决定，或是人们决定后，光可以让时间倒流，通过一个洞或两个洞，使光谱是否有干涉符合人们的观察。这是完全不能理解的！

7. 人们原来认为电子是环绕核子运行，像地球环绕太阳运行。然而根据量子物理学，电子是可能出现在不同的轨道上，而且从一个轨道到距离大于无穷小的另外一个轨道是立刻出现的，像一个人左脚一跨出北京故宫的大门，右脚马上踏入广州的海心塔！

8. 量子理论及其关于量子纠缠概念的重复被确定应该会使爱因斯坦震惊。就像物理学家 Daniel Greenberger 所说的，"爱因斯坦说过，如果量子力学是正确的，则世界是疯狂的（crazy）。爱因斯坦是对的——世界是疯狂的。"现在其他物理学家也同意。Abner Shimony 与 John Clauser 写道，"贝尔定理（Bell's theorem）的结论在哲学意义上是令人震惊的：或者必须完全抛弃多数科学家的现实主义哲学，或者必须戏剧性地修正我们关于时空的概念。"(Radin，2006，p. 227)。(Dean Radin 是美国 Institute of Noetic Sciences 的实验室主任，超心理学协会的前主席；Shimony 是波士顿大学的物理与哲学家；Clauser 与

Shimony 及其他两位科学家做过贝尔定理实验,称为 CHSH Bell test。)

9. "对数据的最直接了当的解读就是爱因斯坦是错的,这边的东西和那边的东西能够有奇怪、诡异、'幽灵般的'(spooky)量子相关……这是惊天动地的结论。这种结论应该会使人们停止呼吸"(Greene,2004,p. 84 与 p. 113)。(Greene 是哥伦比亚大学理论物理学家,最有名的 string theorists 之一。)

关于量子物理学的浅白有趣叙述,可以试读 Gribbin(1984),Feynman (1985),Davies & Brown (1986),Townsend (2010) 等书。(拥有剑桥大学天体物理学博士的 John Gribbin 是科学作家,其 1984 年的书是他最有名的作品;Richard Feynman 是物理学诺奖得主;John Townsend 是美国 Harvey Mudd 学院的物理学教授。)

看,我们的小宇宙的怪异程度,比钟表何止百倍,怎么能够是原来就有的呢?

量子物理学的主要构建者 Niels Bohr 说,"任何人如果没有被量子理论所震撼,肯定是未曾了解它。"(引自 Barrow,2000,p. 195。)

量子物理学的另外一位主要构建者 Heisenberg(1927)说:"现有的科学观念总是只包括现实的一个很有限的部分,那个还没有被知道的部分是无限的。每当我们从已知的进入未知的,我们可以希望能够了解,但是我们也可能必须同时发现'了解'这个词的新的意义。"

爱因斯坦也说过,"这理论(量子物理学)让我想到一个非常聪明的妄想症患者编造出的不合逻辑的思想的错觉"（Einstein，1952）。然而量子物理学的许多像妄想症患者的错觉的含义与预测，都被实验证实了。因此，并不是量子物理学家有妄想病，而是我们的小宇宙怪异无比，连爱因斯坦都不能接受，怎么能够是原来就有的呢？

除了诡异的量子物理现象，笔者感到很难理解的是，为什么会有量子性，而不是可以连续变化的？给定频率 f，为什么发出的能量只能是 $0, hf, 2hf, 3hf, \cdots$（h 为 Planck 常数）？为什么电子只能在质子周围某些给定的轨道出现？等等。是否是为了要使原子分子等结构比较不会受细小的外力所稍微改变，因而使世界比较稳定？

量子物理学之后，比较当代的超弦（superstrings）理论的世界，同样是怪异无比的。例如空间必须要有九个维度（连时间共十个维度），虽然我们只能认识到三个空间维度与一个时间维度。（严格地说是，空间必须要有九个维度，超弦理论才能成立。不过，笔者不相信有超过三维的空间。然而，笔者这个理性的看法，偶尔会受到挑战。当你瞄准蚊子明明在你两只大手中间，两手一拍，不见了！如果你不相信有第四维空间，你肯定没有花足够的时间打蚊子！)[①]

此外，还有反物质、反粒子、暗物质、暗能量（dark energy；暗能量的存在最近才被证实。见 Blake et al. 2011a，2011b。这个

---

① 五种不同的"超弦理论需要十维时空，但是属于更大的一个理论 11 维的 M 理论（也可以包含到 12 维的 F 理论）。玻色弦要求 26 维"（王飞）。M 理论包含这五种不同的超弦理论。

重要发现被英国的 Royal Astronomical Society 于其 2011 年 7 月左右的 *Monthly Notice* 所报道),也有"第五要素"(quintessence;存在性还没有被确定)等的提出(详见 Taylor,2008)。包括大爆炸在内的宇宙理论虽然已经被接受为"标准宇宙模型",但"这标准宇宙模型却是一个非常奇怪的东西,是没有任何人要的东西"(Taylor,2008,p.18),因为太怪了。

其实,八十多年前,Eddington(1928)就说过,"没有熟悉的概念能够解析电子。我们不知道的东西在做我们不知道的事"。(Arthur Eddington,1882—1944,是解释与证实相对论的英国天体物理学家。)"在这方面,八十年来并没有改变。我们还是不知道电子(或其他量子角色)是什么东西,也不知道它们怎样做它们所作所为"(Gribbin,2009,p.14)。

还可以补充三点:第一,我们的小宇宙不但很怪异,而且其物理性质可以用很简单的数学来表示,例如爱因斯坦的 $E=mc^2$(能量等于质量乘以真空光速的平方)。半个世纪前,原籍匈牙利、1963 年物理学诺奖得主 Eugene Wigner 问,为什么数学是这么不合理地有效(unreasonable effectiveness of mathematics)?(Wigner,1960)自己原来就有,不是被有意创造出来的东西,不是应该比较混乱的吗?Wigner 认为,"自然规律的存在是不自然的,人能够发现这些自然规律是更加不自然的!"

虽然近几十年来的超弦理论、M 理论等的数学很复杂,看来是因为还没有找到爱因斯坦未能找到的真正统一场论(能够同时解释引力、电磁、核子内的弱与强相互作用的理论)。如果

3 我们的小宇宙诡异无比,非有创造者不可!

找到,其数学应该不会太复杂。看来轮椅物理学家也有同样的看法,因为他说,"如果我们发现一个完全的理论,过一些时间,它应该会被每个人,而不只是几个科学家所理解,至少是在大致原理上而言"(Hawking,1988,p.175)。

现在已经有基于量子物理学的,能够统一解释电磁、弱与强相互作用的理论。(大统一理论还没有验证。已经被验证的是能够解释电磁和弱相互作用的"电弱理论"。)这理论虽然称为宏伟的统一理论(grand unified theory,GUT),但并没有包括引力。现在的引力理论是基于爱因斯坦的广义相对论的。因此,真正的统一场论现在叫做"所有东西的理论"(theory of everything)或"物理学的统一"(unification of physics)。由于必须把基于量子物理学的 GUT 与引力理论统一起来,也叫做量子引力(quantum gravity),或者量子色动力学(quantum chromodynamics;QCD)。其实,即使是真正的统一场论,能够解释引力、电磁、强核、弱核这四种已知的力,是否能够解释最近才证实的暗能量,也还不知道。即使发现可以把暗能量以及其他能量包括在内的"所有东西的理论",也不能解释心灵。

顺便一提,电磁力只有强核力的一百三十七分之一;弱核力只有强核力的一万亿分之一;最弱的引力又只有弱核力的十亿亿亿分之一。可见强核力奇大无比,但其作用范围很小。

爱因斯坦虽然不相信人格性(personal)的上帝,但他说,"如果我心中有些东西可以称为有宗教性(religious)的话,那就是对我们的科学所能够显示的世界的结构的无限赞赏(unbounded admiration)"(Einstein,1954)。如果这个结构是不

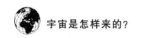

需要有创造者的混乱物,会值得爱因斯坦的无限赞赏吗?

第二,为什么我们的科学研究,似乎有无穷无尽的继续发现的空间呢?

在19世纪末,多数物理学家认为,有关物理的主要规律已经完全被发现了。例如,衡量光速(与Edward Morley合作)及否定以太(ether)的存在的第一位获得物理学诺贝尔奖(1907)的美国科学家Albert Michelson在1894年时说过,"物理科学的比较重要的基本规律与事实都已经完全被发现了,而且这些是被很坚固地确立了,它们会被新发现所取代的可能性是渺小的(remote)……我们将来的发现只能在小数点后面的第六位数寻找"(引自Barrow,2002,p.30)。英国物理与哲学家William Thomson(Lord Kelvin)于1900年时说,"现在物理学已经没有新东西可以发现了"(见Close,2010,p.107)。然而,几年后(1905),爱因斯坦的特殊相对论就发表了。

1875年,Max Planck的导师劝他去学生物学,因为所有的重要物理学问题已经被解决了,物理学已经差不多完全完成了。然而,不久后Max Planck提出惊天动地的量子物理学!

类似错误曾经多次出现。对量子物理学有重要贡献的诺奖得主Max Born在1928年时说,"物理学多六个月就会结束"(引自Hawking,1988,p.156)。他的信心是基于对电子的Dirac方程式的发现,而他相信对质子的方程式的发现,就会使物理学完满了。然而,后来中子、弱与强相互作用等的发现,把他的预测完全推翻了。

轮椅物理学家Hawking虽然叙述了Max Born的错误,但他却也接着说,"我还是相信,有理由使我们可以审慎乐观地认为,对自然界的最终规律的寻找,已经接近终点了"(Hawking, 1988, p. 156)。二十多年过去了,终点的影子,一点儿也看不到。

Hawking 也说,"在本世纪(指上个世纪)结束前,我们将会知道弦论(string theory)到底是否是我们寻找已久的物理学统一理论"(Hawking, 1988, p. 165)。"……我们还没有但将会发现的统一理论。我们正在进展而且有相当大的机会(reasonable chance)会在本世纪(指上个世纪)结束前发现它"(Hawking, 1989, p. 69)。然而,上个世纪已经结束了十多年了,我们还完全没有发现统一理论,而且连接近发现也没有。我们也完全不知道弦论到底是否是我们寻找已久的物理学统一理论。即使发现了统一场论,多数也将会发现一些统一场论不能解释的新事物(例如 Higgs field)。其实,一些旧事物,例如主观意识,也未必是将来多数会被发现的统一场论解释得了的。因此,笔者比较相信,"完全不是将近完成,物理学才刚刚开始!"(Barrow, 2002, p. 30)。

从爱因斯坦到现在,将近一个世纪了,科学家还是不能发现统一场论。被当代物理学所接受的两个主要理论,基于广义相对论的引力理论与量子理论,并未能成为相容的一个理论。伦敦大学 Queen Mary 学院数学教授 Shahn Majid 说,"我们生活在这么一个时代,我们的学童们应该知道,我们的最基本的观念在等人们攫取(up for grabs),我们有真正的理论与观念上的迷惑……宇宙是一个完全迷人、神秘而又科学可知的地方"(Majid, 2008, p. xvii)。是否因为小宇宙是被创造的,而创世者

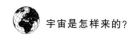

要让物理学家们有无穷无尽的继续发现的乐趣呢?试想,如果像 Michelson 所说,19 世纪之后就没有什么重大物理学发现,只能去衡量与计算小数点后六位数的东西,物理学家们该会感到多么枯燥呀!

第三,虽然还有一些论争与未解之谜,大致上科学家们都同意,我们的小宇宙是约 140 亿年前的大爆炸而来的。在大爆炸后的几亿分之一秒后的演化,科学家们也有大致上共同的看法。不过,大爆炸后的一千亿亿亿亿亿分之一($1/10^{43}$)秒内,科学家们却不能解释,并认为,在这奇点(singularity),物理学规律失效。〔可能在($1/10^{33}$)秒内就已经失效。〕美国航空航天局(NASA)探月委员会的第一任主席 Robert Jastrow 说,"现在看来,科学好像永远不能够揭开创造之谜。对于一个深信理性的力量的科学家,故事的结束像一个噩梦。他攀登无知之山,差不多就要征服最高峰;当他把自己推过最后的一块石头时,欢迎他的是一群已经在那儿坐了几百年的神学家!"(Jastrow,1992,p. 107)。

我们的小宇宙的许多自然常量,非常适合生物,看来应该有创造者

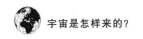 宇宙是怎样来的？

我们的小宇宙不但怪异无比,而且有许多非常适合生物的产生、生存与进化的特性,看来是有意被创造出来的。

首先,我们的小宇宙有许多适合构成生物的身体的元素。例如,了解碳的精妙结构的科学家们感叹道,"只有超级的计算智能才能设计出碳原子的功能,不然要在自然的盲目力量中找到像这样的原子的机会是微乎其微的"(Hoyle,1983)。Hoyle曾经估计出小于 10^{40000} 分之一的或然率。

进化论者把 Hoyle 的论点当成是反进化论的,认为是一种错误,因为进化是逐渐累积的,不需要一次性完成。虽然 Hoyle 的论点并没有推翻进化论,然而,作为自然界的神奇,则是言之成理的。

其次,以我们所知道的生物,水、阳光与长时间稳定的环境是生存与进化的必要条件。这些条件在我们的地球都存在。我们的小宇宙有数以百万亿亿计的星球,如果只有地球或少数星球有适合生物的环境,或者不能说我们的小宇宙是非常适合生物生存的。多数的科学家认为我们的小宇宙有超过数以百亿计的适合生物生存的行星,但是这只是一种估计,其可靠性还有待证实。也有科学家认为,即使是只有少数星球适合生物生存,已经是很难想象的可能性,因为适合生物生存的条件是很严格、很特别的。

近半个世纪以来,科学家们发现,"自然常量是很适合生物的(bio-friendly)。如果它们只改变一点点,世界就会变成没有生命的不毛之地"(Barrow,2003,p.168)。(John Barrow 是剑桥大学应用数学与理论物理学研究教授。)这些自然常量

4 我们的小宇宙的许多自然常量,非常适合生物,看来应该有创造者

(constants of nature)如下。

- 我们的小宇宙的空间是三维的,而无论是低于或高于三维,都不能够有稳定的行星系统与稳定的原子结构(Ehrenfest,1917)。(Paul Ehrenfest 是 Leiden 大学的理论物理学家,爱因斯坦的好朋友,爱因斯坦曾经想要他承袭爱因斯坦在布拉格的职位。)

- 如果约 140 亿年前的大爆炸(应该是我们的小宇宙的起源)的起始力度是稍微(即使是小到 10^{60} 分之一,即一万亿亿亿亿亿亿分之一)小一点或大一点,它就会或者崩塌或者过分膨胀,使星云不能形成,而不能有我们所知道的生命。[Sarkar 2007,p.134,根据 Collins(1999)与 Leslie(1989)的总结;Sarkar 并不支持设计论。Leslie 的总结又是基于著名"轮椅"科学家 Stephen Hawking 及其他研究者的计算;详见 Leslie(1989),2.4节](John A. Leslie 是加拿大哲学家。)

- 如果万有引力(也称重力)的强度(这不是指第 3 章图 3.1所示的与距离的平方成反比的牛顿引力法则,而是指这比例的常数 g)比现有的相差 $1/10^{40}$,即一亿亿亿亿亿分之一,则像我们的太阳这样能够支持生命的恒星就不能存在(Sarkar,2007,p.134)。

- 如果中子的质量比起质子不是约 1.001 38 倍,它们就会衰减(decay),使我们所知道的生命成为不可能(Sarkar,2007,p.134)。(看来创世者是讲广东话或华语的,不然为什么她喜欢"一定定一生发"这个数字?)

- 如果电磁力稍微强一些或稍微弱一些,则以我们所知道

的生命就不会可能(Sarkar,2007,p.134)。

• "ε 的值"是 0.007,它决定原子核绑在一起的巩固强度。如果 ε 是 0.006 或 0.008,我们就不能存在"(Rees,2000,p.2)。[Martin Rees 英国皇家学会的主席,英国最杰出的科学家(Brooks,2008,p.95)。]用另外一种方式说,"如果把原子核中质子和中子绑在一起的强核力是略微强一点或弱一点(可能只需要百分之一),则…… 完全没有生命"(Davies,2007,p.157;根据 Oberhummber,et al. 2000)。(Paul Davies 是曾经获得多项大奖的英美澳著名量子物理学家与宇宙学家。)

• 对于弱核力(或弱相互作用),情形也是类似。

• "宇宙数 Ω 衡量我们宇宙中的物质的数额……如果这比例太高……宇宙老早就崩溃了;……比例太低,则星云与恒星不会形成"(Rees,2000,p.3)。

• 反重力是很微小的,不然,"星云与恒星不会形成"(Rees,2000,p.3)。

• "看得见的宇宙的存在取决于物质与反物质的对称的稍微破坏"(Davies,2007,p.121),即物质比反物质稍微多一点点。

如上所述,我们的小宇宙的许多特性与自然常量刚好适合宇宙的稳定与生物的存在,有些常量,相差即使是一万亿亿亿亿亿亿分之一也不可以。因此,Davies(2007,p.3)总结说,"宇宙看来是一个有智能的造物主专门为了繁殖有知觉的生物而创造的"。自然常量是这么刚好适合稳定的星系与生物,Hoyle(1983,p.19)把除了造物主有意的精确调准(fine tuning)以外的可能性形象地形容为"一阵龙卷风袭击一个废物堆,把那些破铜烂铁成功地装配成一架波音747飞机!"(参看Leslie,1989;Swinburne,1991/2004,2005;Manson,2003;Strobel,2004;Monton,2006"。)关于精确调准的或然性直观,见Koperski(2005)。也请参看反对精确调准的论点,如Colyvan et. al.,2005。

更早之前的一些学者(如Eddington,1923等)计算出许多自然常数之间的比例,刚好等于或接近一些共同的数字,例如10^{40}等。(Arthur Eddington,1882—1944,是解释与证实相对论的英国天体物理学家。)这种数字上的凑合与牵强解释,被Klee(2002)认为是数学上的尖锐的手法(sharp practice),不能令人信服。Walker与Ćirković(2006)区分这种数字上的精确调准与符合生物与人类生存的自然常数的精确调准。与一些为了要支持神创论而牵强附会的学者不同,Walker与Ćirković不相信神创论而相信多宇宙论(下详),他们用比较中肯的态度,分析这两种精确调准论的可信性。他们的结论是,数字上的精确调准论并不可信,但实证的证据无可争论地支持下述结论:

"如果宇宙的基本常数是随机选择的,则人类生命能够在这宇宙中发展出来的或然率是天文数字的小的"(Walker & Ćirković,2006,p.295)。(Mark Walker是加拿大哲学家;Milan Ćirković是天文学家。)

不过,依然有科学家不接受智能设计论。例如,Stenger(2003,2007a,2007b)认为,除了像我们这样以碳为基础的生物以外,有可能有其他的生物。他说,"我们的宇宙……并不是为人类而精确调准的；人类是为我们的宇宙而精确调准的"（Stenger，2007a 的最后一行）。这是说，给定我们的宇宙，生物以及人类要能生存，就必须适合这个宇宙的条件。如果这个宇宙不是像我们现在的一样，例如有不同的自然常量，可能没有星云与恒星，没有以碳为基础的生物，但可能有其他能够支持其他生物的不同环境。（Victor J. Stenger 是夏威夷大学物理学家。）

例如，在地球不同地方，有适合不同生物生存的不同小生境或生态位（niches）。适合在天寒地冻的生境生存的动物，多数不能在炎热的非洲森林生存；适合在水中生存的鱼类，不能在陆地上生存。鱼类如果会思想，他们可能会推论说，"我们的宇宙（指他们所在的海洋）真的是有智能的创世者特意创造给鱼类能够生存的，不然为什么这么刚好适合我们？"Stenger 会认为，不是创世者特意创造海洋给鱼类能够生存，而是给定海洋的存在，则能够生存在海洋中的生物，当然是适合在海洋生存的。不是海洋为鱼类而精确调准的，而是鱼类为了能够生存在海洋而（在进化原理意义上）精确调准的。

Stenger 的"宇宙不为人类而精确调准；人类为宇宙而精确调准"的论点，有如上段所述，是有一定的道理的。它减弱了根据许多自然常量对稳定与生存的近乎唯一性而推论出创造论（这推论可以称为"精确调准论"，也可以称为"龙卷风卷不出飞机论"）的强制性（compellingness，或称"非接受不可性"）。然而，减弱多少呢？

认为只有海洋才适合生物生存是错误的。认为只有基于

4 我们的小宇宙的许多自然常量,非常适合生物,看来应该有创造者

碳原子的生物才能生存与进化可能也是错误的。然而,很难想象,没有长时间的稳定环境,能够自然地从非生物演变为生物,能够从低级生物进化为高级生物。如果大爆炸的起始力度稍微不同一点,即使只是一万亿亿亿亿亿亿亿分之一,就不能有稳定的环境。

"一个非常重要的论点是 Rozental(1980)的,他表示,基本常量——力的强度,粒子的质量,普朗克(Planck)常量——的微小改变就会使'原子核、原子、星球与星云不能存在;不是宇宙景象的稍微改变,而是其基础的毁灭'"(Leslie,1989,p.52)。很难想象有任何形式的生物能够存在。一块石头怎么能像一台钟这样一秒一分地走动? 甚至 Stenger(2003,第六章的前几页)本人也承认,"如果诸多物理常量中任何一个是稍微不同的,则我们所知道的生命就不能存在"。另外,除了适合生物的特性,我们的宇宙就是太怪异了(像第3章所述的 $1+1<2$ 与量子物理怪现象等),根本不可能是像石头这样可以自己存在的东西。因此,本书的结论或假设如下。

结论/假设:如果我们不能相信一台钟能够没有制造者而自己存在,我们也不能够相信我们怪异而又非常适合生物生存的宇宙会没有创造者。因此,创世者存在,至少是当我们的(小)宇宙被创造时。

本书的"创世者"的定义很明显,也很简单,创世者就是我们的(小)宇宙的创造者,没有其他的要求或条件。例如,是否是全能的(omnipotent),无所不知的(omniscient),无所不在的(omnipresent),慈悲或善意的(benevolent),完美的(perfect),

47

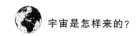

永存的（eternal），有人性的（personal），等等，都不是必要条件（但也不排除某些条件可能是创世者的性质）。因此，类似关于全能的与无所不知的要求是否相互冲突（Martin & Monnier 2003，Martin 2007，Johnson 2007，Nagasawa 2004），邪恶或痛苦的存在是否证明创造论是不正确的（Bertrand 2009，Bird 2005，Coghlan & Trakakis 2006）等论争，不论哪一方是对的，都不影响本书的论点。

作为我们的（小）宇宙的创造者，创世者的能力，比起我们，是巨大无比的，或者可以说是近乎全能的。创世者的知识，比起我们，也可以说是近乎无所不知的。而像某些宗教界所说的，绝对的全能与绝对的无所不知，绝对的完美等，我认为是不可能的。不过，这不是本书所要讨论的要点，也不影响本书论点的正确性。

本书认为，即使是从宗教界的立场，承认创世者不是绝对完美、绝对全能等是更加有利的。如果像本书论述的，创世者是接近但不是绝对完美、绝对全能，这对创世者的神圣性并没有多少影响。然而这却可以避免人们怪责创世者为什么让世界上有这么多痛苦与不平，甚至因而可能不相信创世者的存在。如果创世者是绝对全能的，很难解释创世者为什么不让苦难消失，尤其是对于那些没有罪过的人们，特别是当这些苦难并不会增加将来的快乐或他者的快乐，亦或减少痛苦时。

创世者从何而来?

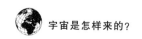

如果我们的宇宙是创世者创造的,接下来的一个问题,很自然的是,创世者又是从何而来的呢?对于这个问题,宗教界虽然有不同的说法,但大致上可以分为两类。第一是这个问题是不可以问的,或是没有意义的。这种说法很明显的是没有说服力的;这问题很自然是应该问及的,也是有意义的。第二是创世者或上帝是自在永在,本来就有的。这个说法比第一个较可以接受,但它等于没有回答问题,它本身就推翻了创造论的基础。一台钟必须有制造者,如果说这台钟是一个能自动制造这台钟的机器制造的,则这机器比钟更复杂,更不可能是本来就有的!同样地,如果我们的宇宙不可能没有制造者,则能够制造我们的宇宙的上帝,更不可能是本来就有的!与其相信一个能制造钟的机器是本来就有的,不如相信钟本身是本来就有的。因此,说上帝本来就有,是不能接受的!

既然创世者存在(因为创造了我们的小宇宙),但又不能是本来就有的,则看来只能有下述两个可能。一个是创世者是另一个更高的造物主创造的。虽然不能否定这个可能性,但这说法没有解决问题。创造创世者的"上上帝"又从何而来呢?制造能自动制造钟的机器又是怎样来的呢?这有如以前有人相信地球是一只大乌龟扛着的,但大乌龟又是怎样能站在空中呢?显然,说大乌龟是另一只更大的乌龟扛着的并不能真正解答问题。因此,本书不考虑创世者或大宇宙是上上帝创造的可能性。

实际上,如果创世者所在的宇宙是上上帝创造的,则这个创世者所在的宇宙还不是真正的无所不包的大宇宙,因为真正

5 创世者从何而来？

的无所不包的大宇宙或称为最大宇宙(the widest universe)应该包括上上帝。既然上上帝也自身在最大宇宙之中，就不可能是最大宇宙的创造者(详见附录 E)。

创世者存在,至少曾经存在,但不能是本来就有的,也不能用是由上上帝创造的来解释,应该是进化而来的。这就是本书的一个中心论点。

有如前两章所述,我们的(小)宇宙诡异无比,如果说是本来就有的,本来就是这样的,是不能接受的。其次,我们的(小)宇宙的自然常量很多刚刚好是能形成符合生物生存与进化的环境,也很难相信是本来刚好这样的,看来应该是由一个创造者设计的。第三,科学家们已经确定,我们的(小)宇宙,在 140 亿年前或更早的时候的大爆炸(Big Bang)就开始了。这个大爆炸,很可能就是创世者创造我们的(小)宇宙的时刻！而且,根据科学家们的论证,这个大爆炸开始时是从无穷小爆胀的。如果不是创世者创造,怎么能从无穷小爆胀到现在的庞然大物呢？

创世者在大爆炸时创造了我们的小宇宙的论点是很有说服力的。至少当时创世者已经存在。我们把创世者存在的宇宙称为大宇宙。本书的一个主要论点是,创世者是在这个大宇宙中进化而来的。

本书这个论点,可以说是从笔者中学时代的"无限多层宇宙论"发展出来的。当时我读到爱因斯坦对宇宙大小的估计,就写道(发表时已经是大学生),"爱因斯坦根据空间曲度算出宇宙的半径为 35 亿光年……那可能只是更上一层宇宙的一块

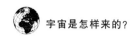

面包的大小"(黄有光,1963,p.31)。当时(忘了是中学几年级)认为很有意思,就把这无限多层宇宙论的思想写成一篇中文文章。当时还没有想到要发表,而是想要向中国科学院提出。当时我们在搞由马来亚(后来成为马来西亚的主要部分)共产党领导的学生运动,知道马来亚政府是反共的,对中国尤其顾忌,不敢直接从马来亚寄文件到中国科学院。于是,我把文章放在一个给中国科学院的信封,寄给当时在国内的三哥黄峰川(原名黄立三,因避讳李立三而改名),请他转寄。他回信说,虽然给中国科学院的信封是密封的,他还是打开读了我给中国科学院的信和文章,因为我的信件是从海外来的,必须这么做。中国科学院把我的信和文章转给中国天文台。天文台给我回了信。

大致上,天文台的回信说了两点。第一,我的文章显示我有哲学的思维能力(可能只是客套话或是给予一个中学生的鼓励。)第二,我的论点违反"从量变到质变"这个放之四海而皆准的一般规律。

我当时已经自修过马克思主义哲学,包括读过冯定的《平凡的真理》,很熟悉"从量变到质变"这个"放之四海而皆准"的"一般规律",也大体接受这个规律。不过,我当时想,"从量变到质变"是人们根据我们所知道的世界总结出来的规律,用在跨层次宇宙是否适用,也还未知。其次,有些东西从量变到质变,有些东西不论量的变化多大,性质不变。例如,不论质量变化多大,两个物体之间的引力和质量的乘积成正比,和距离的平方成反比(见第 3 章图 3.1。)因此,当时我并没有接受中国天文台的负面评价,几年后我上大学时,在笔者1963年一文中又论述无限多层宇宙论。

直到最近(2010年2月),在阅读有关宇宙的读物时,我才发现类似多层宇宙论的观点,虽然不是很通常,却也有好多学者论述过,包括Immanuel Kant(康德),J. H. Lambert, Spinoza(斯宾诺莎),F. Selety,C. V. L. Charlier,G. de Vaucouleurs等(详见Oldershaw,2010)。近代数学家Mandelbrot(1977,1983)提供多层分形(fractal)几何的数学,并论述这种多层分形、自我类似的现象,在自然界是到处都是的,使多层宇宙论得到学界的重视与认同。例如,行星环绕恒星,而电子环绕原子核。〔虽然,量子物理学的观点认为,电子并不是以确定粒子的形式存在,而只是在不同轨迹的或然率的波函数(wave function)。〕1994年美国国家科学院最高奖"公共福祉奖牌"得主、著名天文学家Sagan(1980)认为,无限多层分形宇宙是"奇特的,萦绕心头的,令人深思的"(strange, haunting, evocative),"是科学或宗教的最精湛(exquisite)的猜想之一"。

本书的一个主要观点是,创世者是在上一层宇宙(称为大宇宙)的漫长岁月中进化而来的。下面还要论述这个可能性。现在先讨论接下来的一个很自然的问题。我们是在我们的小宇宙中进化而来的,我们的小宇宙是创世者创造的,创世者是在大宇宙中进化而来的,那么这个大宇宙又从何而来呢?本书的回答是,这个大宇宙是本来就有的!这说法和我们的小宇宙是创世者创造的的观点有没有冲突呢?没有!

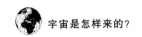
宇宙是怎样来的？

我们的（小）宇宙诡异无比（包括相对论与量子论等诡异性质），而且其自然常量很多刚刚好是能形成符合生物生存与进化的环境，如果说这样的小宇宙是本来就有的，本来就是这样的，是比相信一台钟是本来就有的更加不能接受的，因而我们的（小）宇宙必须是由一个创造者设计的。然而，至少在进化成创世者之前，在创世者创造了我们的小宇宙之前，大宇宙可以是类牛顿式的，没有像相对论与量子论等诡异性质，其自然常量也未必有很多刚刚好是能形成符合生物生存与快速进化的环境。因此，这大宇宙像石头，可以自我存在，不必创造者。

其次，我们的小宇宙只有约140亿年的历史，在时间上很难随机变异进化成为具有主观意识与高度智能的人类的高度，除非是在特别适合进化的诡异世界，因而必须有创造者。相对地，大宇宙是无穷久远与无限庞大的（证明见附录D）。因此，大宇宙有足够的时间让进化很慢的速度也能达到创世者的高度，因而能够创造出我们这么一个怪异的小宇宙。

如果大宇宙中如果有 $0.000\,00\cdots 1\%$ 的地方在某些时候进化到一些怪异的东西（像我们的小宇宙的创造者），也没有什么奇怪。在几万亿兆兆颗小石头中，有几颗的形状很奇怪，例如像一匹马，不但没有奇怪，甚至是从纯或然率来说，是应该会有的。如果任意拣几百颗小石子，每颗都像一匹马，这才是奇怪的，才需要有创造者。因此，我们的小宇宙需要创造者，而大宇宙大体上（$99.99\cdots\%$）是不奇怪的，像海边的小沙子，可以是本来就有的，虽然很可能在几万亿兆粒小沙子中，有几百粒的形状很奇怪，尤其是在出现了有意创造之后。

可以继续追问,为什么本来就有这么一个大宇宙,而不是"本来无一物"?这个问题(甲)必须与另外一个有些类似但很不同的问题(乙)区别开来。这问题乙是:"本来无一物"或是"本来有些物"?本书对问题乙的回答是:本来有些物!因为我们知道我们与我们的宇宙是存在的!如果是本来无一物,就不会有你这位读者在读本书!有我这位作者写了本书。因此,问题乙有一个很明确的回答。不过问题甲是问为什么,为什么是"本来有些物",而不是"本来无一物"?本书认为问题甲是没有意义的,因为它在逻辑上就不可能会有答案。关于为什么问题甲是没有意义的,比较抽象。有兴趣的读者,可以阅读附录C的论证。

重复一下本书至此的主要观点:我们是在我们的小宇宙中进化而来的,我们的小宇宙是创世者创造的,创世者是在大宇宙中进化而来的,大宇宙是本来就有的!大宇宙可以是类牛顿式的,(至少大体上)没有像相对论与量子论等诡异性质,其自然常量也未必很多是刚刚好是能形成符合生物生存与快速进化的环境。因此,这大宇宙像石头,可以是本来就有的,不必有创造者。

接下来的一个问题是,类牛顿式的大宇宙是否能够像我们这个诡异的小宇宙一样,从没有生物进化到生物,从低级生物进化到有智能的生物,甚至到能够创造我们的小宇宙的创世者呢?

如果我们的小宇宙的自然常量很多刚刚好是能形成符合生物生存与进化的环境,如果创世者创造我们的小宇宙是为了

(至少是部分为了)让生物生存与进化,则即使大宇宙能够有生物与进化,至少平均(大宇宙内不同地区之间的平均)而言,其进化的速度应该比我们的小宇宙低得多。我们不能排除大宇宙可能比小宇宙大很多很多倍(附录 D 证明大宇宙是无穷大的)。若然,则不同地区可能有不同的进化速度,可能有极少数进化相当快,也说不定。由于这只是一个可能性,本书主要不依据这一点。本书依据的是,大宇宙有无穷无尽的岁月(详见下面的第 6 章)。

我们的小宇宙只有约 140 亿年的历史,地球约有 45 亿年的历史。要能在这相对不太长的时间内进化成有高度智能与感受能力的智人,需要符合生物生存与高速进化的环境,这环境就存在于我们诡异的小宇宙。但是大宇宙,至少在创世者创造小宇宙之前,没有这么适合生物生存与高速进化的环境,应该不能有这么快速的进化。不过,大宇宙有无穷无尽的岁月。即使在大宇宙的进化速度只有我们小宇宙的 0.000 000 000 000 000 000 000 000 000 000 001%,或一百万亿亿亿亿分之一,则只要有二亿亿亿亿亿年的历史,就能进化到超过人类的高度,再加一万亿倍,成为二万亿亿亿亿亿亿年的历史,就有可能进化到能够创造我们的小宇宙的高度。然而,大宇宙有比二万亿亿亿亿亿亿亿年更多二万亿亿亿亿亿亿的二万亿亿亿亿亿亿次方倍更长的历史,从进化的速度与所需时间上看,完全绰绰有余!

不过,大宇宙是否完全不能有进化,完全不能从非生物变成生物?非也!

5 创世者从何而来？

我们已经提过,在地球,生命的起源大致上已经由 Crick 与 Watson 对遗传基因的双螺旋结构的发现所回答。当复杂的有机分子形成双六角形的结构时,就能够自我复制,这就从没有生命中产生了生命。我们不能肯定,在大宇宙生命的起源也和地球一样,也是双六角形。不过,我们也不能肯定,在大宇宙不能有生命的起源。虽然不一定是双六角形,不一定是核酸,不一定是 A,C,G,T,不一定需要水分与碳分子,但只要能产生自我复制,就有了生命的起源。我们小宇宙的特性,可能使基于核酸的双六角形的自我复制更加容易产生,也可能更加容易高速进化。但是,不论是双六角形的或非双六角形的自我复制,都没有原则上一定要求像相对论与量子物理的诡异性。

当地球已经出现能够自我复制的生物时,进化基于遗传、基因的差异(主要通过随机变异和基因的漂移)和自然选择。同样地,这些要件,可能在我们的小宇宙能够更容易产生,使进化的速度更快。然而,这些要件都没有要求必须有像相对论与量子物理那样的诡异性。因此,当生物在大宇宙出现后,不能排除它们根据上述要件而进化的可能,虽然速度可能很慢,更不必说到大宇宙的生物可能也可以根据与上述要件不同的因素而进化了。因此,不能排除,在大宇宙的任何一个与我们的小宇宙一样大小的角落,在二万亿亿亿亿亿亿年的时间内,能够从非生物进化到生物,从低级生物进化到高智能生物,甚至更高。因此,在整个大宇宙,至少有一个角落,在比二万亿亿亿亿亿亿年更多二万亿亿亿亿亿亿的二万亿亿亿亿亿亿次方倍的时间内,或更多无数次倍长的时间,可以能够从非

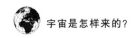

生物进化到生物,从低级生物进化到高智能生物,甚至更高(包括能够创造我们的小宇宙)的或然率,就接近于一,几乎肯定了(详见下面的第6章)。因此,创造我们的小宇宙的创世者,可以是在大宇宙中进化而来,不但是可能的,甚至是必然的!

大宇宙很可能没有像我们的小宇宙这样适合生物的生存与进化的特性,其生物的出现与进化的速度很可能非常非常慢。但这"缺点"被其具有无穷无尽的岁月的"优点"所超额抵消。因此,在我们的小宇宙,由于只有一两百亿年的时间,只能进化到智人(即我们)或比我们更高一些的水平。而在大宇宙,在一两百亿年前,已经进化到了能够创造我们的小宇宙的创世者的水平!

本书的论点是否违反了热力学第二定律?热力学第二定律说,在一个有限与孤立(或称为封闭)的系统里,整个系统里的熵(混乱或无序)只能增加,不能减少。生物是有序的,但生物的生存依赖对能量的消耗,因而减少了整个系统里的有序性。即使是能够制造食物的植物,也必须依靠"吸收日月精华",而太阳发放热与光的过程,也是熵的增加。

热力学第二定律并不否定,虽然整个系统里的熵只能增加,局部有序性也可以在一定范围与时间内增加。要不然,就不可能有生物与进化(关于从混乱到有序,复杂性的产生等,见Shinbrot & Muzzio, 2001; Brandt et al., 2006; Mitchell, 2009)。因此,不论是在小宇宙还是在大宇宙,如果只是在一些地区与时间有生物的出现与进化,包括创世者对我们的小宇宙的创造,并不违反热力学第二定律。其次,本书认为大宇宙不是一个热力学第二定律适用的系统,因为大宇宙是无穷大的(详见附录 D)。

本书回答了"创世者从何而来"的问题。创世者是在大宇宙的漫长岁月中进化而来的,大宇宙是本来就有的!这说法是无懈可击的。它符合我们所知道的所有知识,它是能够解释我们所知道的所有知识的最经济的论点,它解释了:

- 为什么我们的小宇宙是非常诡异的;因为它是创世者创造的。就像我们制造的钟表或其他工艺品,可以是非常奇特的。
- 为什么我们的小宇宙的自然常量很多刚刚好是能形成符合生物生存与进化的环境的;因为它是创世者创造来让生物生存与进化的。
- 为什么大爆炸能够从无穷小开始,变成现在的庞然大物?
- 为什么科学家们能推论宇宙的历史至大爆炸初始几亿分之一秒,但不能推论到更前面的历史?
- 创世者从何而来?(进化而来)
- 创世者在其中进化而来的大宇宙从何而来?(本来就有;详见附录 E)

传统宗教式的创造论能够解释前面几点,但不能解释创世者从何而来。传统宗教式对创世者的说法等于用另一只更大的乌龟来扛那只扛地球的乌龟,需要更多一层而没有被提供的解释。

传统否定创造论而支持进化论的科学界观点不需要解释

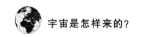

创世者从何而来,但不能解释上述前面几点。有一种说法,可以解释上述关于自然常量的第二点,这就是"无数宇宙论"(Multiverse)(见 Wheeler, 1973; Lewis, 1986; Linde, 1994; Smolin, 1997; Garriga & Vilenkin, 2001; Steinhardt & Turok, 2003, 2007; Tegmark, 2003; Penrose, 2008; Gribbin, 2009。批评见 Silk, 1997; Rota, 2005; Susskind, 2006; Polkinghorne & Beale, 2009)。"无数宇宙论"有两种不同的讲法。第一种认为有无数个宇宙同时存在(或几乎无数,例如,10^{500};参见 Hawking & Mlodinow, 2010),它们各有不同的自然常量,其中多数是不符合生物的生存与进化的,但是由于有无数个宇宙,所以其中有一小部分的自然常量是适合生物的。我们的宇宙既然有我们这些人在讨论宇宙的奥秘,当然是属于这一小部分的。

第二种讲法是循环论。大爆炸之后,膨胀到极点之后是大收缩,收缩到一个无穷小的奇点(singularity)之后又是大爆炸。但是第二次大爆炸之后的宇宙的自然常量与前一个宇宙稍微不同。经过无数次大爆炸之后,其中有些宇宙的自然常量刚好适合生物的出现、生存与进化。同样地,我们是属于适合生物的少数之一。

不论是哪一个讲法,既然有无数个不同的宇宙,它们有不同的自然常量,其中有少数的自然常量刚好适合生物生存,就没有什么奇怪了。在这个意义上,无数宇宙论可以解释为什么我们宇宙的自然常量刚好适合生物生存。不过,无数宇宙论并不能解释我们的宇宙其他方面(包括相对论与量子物理)的诡异性。即使我们宇宙的自然常量并不是在刚好适合生物生存的很小的范围,我们的宇宙其他方面(包括相对论与量子物理)的诡异性,就使它比较像一台钟,而不像一块石头,因而不能没有一个创造者。

其次,即使不考虑我们小宇宙的诡异性,不论是根据无数论或是循环论的说法,这个大宇宙本身就很奇怪,无数论与循环论都不能解释。根据循环论,我们的小宇宙就是在循环中的大宇宙的一个循环,因此大宇宙的大小是有限的,而其历史却是无穷的,这实际上是违反热力学第二定律的(详见附录D)。

如果根据无数论,试想,同时存在的无数个小宇宙的自然常量为什么会相互不同呢? 如果随地而不同,怎么会是常量呢[①]? 如果根据循环论,宇宙大收缩以后,其自然常量为什么会变化呢? 这样的宇宙,看来比较像一台钟,也应该有一个创造者。无数个小宇宙不论是从 Susskind 的不断膨胀(eternal inflation),还是从 Smolin 的黑洞洞穿回弹(bouncing/tunnelling of black holes;见他们在 *Edge* 2004 上的论争及 Susskind,2006)而来,都比一台钟还更加怪异[②]。(Leonard Susskind 是斯

[①] 但见 M 理论对这个问题的说法(Gribbin, 2009, p.165-166)。

[②] 另外一个试图解释我们的小宇宙的自然常量的适生性的作者是 Beale(2009)。他假定人类科学发展的终极,能够从足够的事实推论出宇宙的初始条件与运行规律,并论述说,要使我们的宇宙能够产生高智能生物,有时间与条件合作进行科研,直到能够推论出宇宙的初始条件与运行规律的水平,这要求非常严格,其初始条件必然不能有些许不同,不然就不能达到这结果。而这就解释了自然常量的适生性。我认为这个论述,与其说是解释了自然常量的适存性,不如说它只是说明了,如果要使人类科学发展的终极,能够从足够的事实推论出宇宙的初始条件与运行规律,就必须有严格的自然常量的适存性。然而,除非接受创世论与创世者的这种创意,这两件事(自然常量的适存性与能够从足够的事实推论出宇宙的初始条件与运行规律)都是非常令人吃惊与难以解释的。

坦福大学的理论物理学家；Lee Smolin 是美国 Perimeter Institute for Theoretical Physics 的理论物理学家。）这些理论都要求宇宙本来就必须具有诡异的量子性质，因而不能够解释诡异的量子性质。

无数宇宙论可以解释为什么我们的小宇宙的自然常量很多刚刚好是能形成符合生物生存与进化的环境的，但是比一台钟更加怪异的无数宇宙本身必须被解释。相反地，本书的"小宇宙是被创造的，创世者是从牛顿式的大宇宙进化而来"[可以简称为"进化创世论"(Evolved-God Creationism)]的说法，不但能解释我们的小宇宙的诡异性，能解释自然常量的适生性，而且没有必须解释的东西，因为牛顿式大宇宙像石头。

"进化创世论"不但是无懈可击的，它也是可以从五个非接受不可的公理推导出来的，或证明是正确的。这是第 6 章所论证的。

公理式进化创世论

"进化创世论"认为我们的小宇宙诡异无比,比一台钟还奇特,一定是被创造的,这个创世主,则是在上一层宇宙进化而来的。如第 5 章所述,这个"进化创世论"是无懈可击的,但它是否正确呢?本章从五个非接受不可的公理,推导出"进化创世论",或证明它是正确的,证明创世者肯定存在,并肯定创造了我们这个小宇宙,或与我们这个小宇宙完全一样的小宇宙。

考虑下述五个非接受不可的公理。

公理一 热力学第一定律的一般化:没有任何东西能够无中生有(*ex nihilo nihil fit*)。

这是科学最基本的铁律。[关于热力学的几个定律,见 Goldstein & Goldstein(1993)与 Atkins(2010)。Martin Goldstein 是美国物理化学家,Peter Atkins 是牛津大学化学家。]以前我们有质量守恒定律,后来发现质量和能量可以互换,因而有质能守恒定律。以后即使发现质量和能量可以转换成另外一种东西 X,那么我们只要把质能守恒定律又再一般化为质能 X 守恒定律,没有任何东西能够无中生有的铁律依然成立。因此这公理可以说是最非接受不可的。许多科学家正确地认为,与其用允许无中生有的途径来拒绝创世论与维护进化论,不如接受创世论,因为允许无中生有是更加违反科学精神的。与其把孩子连同洗澡水一起泼掉,不如不泼水。如果自然界可以有无中生有,那么我们原来认为是超自然的东西,根本是小巫见大巫,不足挂齿了!例如,Pitts(2008,p. 676)认为,否认不能无中生有,就已经丧失了理性的高点。

为什么接受无中生有是比相信超自然的东西更加没有理

性,比迷信更加迷信呢?如果一个健康的成年男子对你说,他只要一小时的时间,与一个有生育能力的女子上床,就能让她在九个月以后生出一个婴儿,大家都不会不相信。如果他说,不需要肤体接触,只要那位女子晚上睡觉梦到他,就能让她在九个月以后生出一个婴儿,大家多数不会相信。如果他说,连那女子都不必,只要在一张纸上画一个婴儿与符咒,然后把纸烧了,在燃烧的烟雾中,就会诞生出一个活生生的婴儿,相信的人大家都会认为是迷信,甚至是脑子有问题了。如果他说,连那纸与画的婴儿都不必,在完全空无一物的真空中,不必任何外力,就会忽然冒出一个活生生的婴儿。相信这种可能性的迷信程度,不是更加高了吗?

超自然的东西可能并不存在,相信超自然的力量,可能是迷信。不过,我们也不能百分之百确认超自然的东西肯定不存在。因此,相信上帝创造宇宙或相信鬼魂作祟可能是有迷信的程度,至少不可以完全相信。不过,既然不能够完全百分之百排除超自然的力量,则上帝创造宇宙或鬼魂作祟还存有一些正(即使是很小)的可能性。如果认为不但不需要自然的力量,连超自然的力量也不必,能够从完全的无中生出一个庞然大物,而且是一个怪异的宇宙,而且能够演化出生物与有心灵的人,包括你我,这种迷信的程度不是更大几百倍了吗?

因此,要坚持理性、科学性、客观性,最最重要的是不可以接受无中生有,宁可接受神创论,宁可烧香拜佛,宁可占卦求神,也不可以接受无中生有。相信无中生有是迷信的极峰。

不能无中生有的思想,至少从古希腊第一位哲学家泰勒斯

(Thales of Miletus,约公元前 624—前 546)开始就已经有坚强的信仰了。中国的老子李耳(约公元前 571—前 471)说无生有,有生万物,有无相生。人之死也,由有归无。显然地,人死后还有尸体。所谓无,不能是绝对的无,可能是能够量子波动出正负质能的假真空(下详)。有无相生,也可以理解为循环论。这样理解,则没有违反不能无中生有的原则。

140 亿年前的大爆炸是否是无中生有呢?即使当时是创世者创造我们的小宇宙的时刻,也肯定不是无中生有。当时已经有了创世者和创世者所在的大宇宙,创世者大概就用了大宇宙中的某些东西创造了我们这个小宇宙,就像我们可以用我们小宇宙中的某些东西来制造钟表一样。

没有任何一个有理性的人会相信,在完全没有任何东西的情形下,突然可以来一个大爆炸,变成我们这个诡异无比的宇宙。有如 Craig 所说,"完全没有任何原因而东西自己能够无中生有的想法比魔术(实际上是变戏法)更糟糕。当一个魔术师从一顶帽子中抓出一只兔子时,至少有那个魔术师和那顶帽子!"(见 Strobel, 2004, p.99)而且实际上还有那只被藏起来的兔子。

公理二 严格正的或然率随时间而累增;当时间趋向无穷大时,累增到趋向于 1[①]。

或然率为 0,或逻辑上自相矛盾的事情不会发生。可能发

[①] "严格正的或然率"要求有关或然率是正与有限的(positive and finite)。自然,由于是或然率,也不能大于 1。"严格正的或然率"排除趋向于零或无穷小的或然率。可以任意小(但是正的),不可以无穷小。

生的事情，其或然率是正的，不论大小，随时间之增加，其发生的或然率也会增加。例如，在某个沙漠地区，任何一年会下雨的或然率可能很低，例如只有10％。为了计算上简单，假定每年会下雨的或然率是相等并相互独立的（放松这个假定只是影响或然率累积的速度，并不影响公理二的正确性）[①]。一年内会下雨的或然率是10％，两年内会下雨的或然率是19％，十年内是65.132％，一百年内或然率超过99.99％。即使把任何一年会下雨的或然率减低十倍到百分之一，一百年内会下雨的或然率还是高达63.4％，而一千年内会下雨的或然率依然是超过99.99％。因此，或然率的减低，只要是维持严格正的，可以通过时间的增加来抵消。如果严格正的或然率长期维持，则千年万年亿年兆年内会下雨（或任何其他有正的或然率的事件）就几乎是铁定的了。因此，公理二肯定成立。

公理三　大宇宙中有东西存在。

公理二从逻辑上说一定是成立的，但从逻辑上说，公理三可能成立也可能不成立。逻辑上可能一无所有，永无所有，根本没有宇宙不宇宙这回事。然而，有如现代哲学与数学之父笛卡儿（René Descartes）所说，"我思维，故我存在"（关于笛卡儿对上帝存在的证明的批评，见附录B）。

笔者中学时，读了20世纪50年代出版的批判唯心主义的中文书，这些书籍把笛卡儿这句话当成是唯心主义"思维决定

---

① 不考虑逻辑上可能但实际上不可能出现的百分之百的绝对相互相关。在绝对相互相关的情形，如果第一期没有出现（某件事件），以后每期都不出现。当然，在这种情形，或然率不会累增。

存在"的错误论点来批判。笛卡儿的哲学思想可能有唯心主义的成分,然而他这句话却是唯物主义的,因为它的论据是"存在决定思维"。笛卡儿显然认为必须有存在才能进行思维,因此,既然我知道我在进行思维,因而可以推论出我必然存在。如果不是"存在决定思维",而是"思维决定存在",则可能没有存在也能进行思维,就不能从我在思维的事实,推论出我必然存在。

每个人都完全确定自己存在。通过我们的感官、推理与科学研究,我们也可以几乎完全确定其他东西也存在。我们的小宇宙是大宇宙的一部分,因此,如果在我们的小宇宙中有东西存在,则在大宇宙中也当然有东西存在。如果房间内有床,则含有这间房间的屋子,当然一定也有床。因此,公理三必然成立。

公理四 进化的可能性:给定适当的环境或条件,非生物可以进化为生物,而简单生物也可以通过遗传、变异与自然选择或其他方法进化为复杂或高级生物。

公理四只是要求某些可能性,并没有要求进化的事实。即使是对于那些不相信人类是从低级生物进化而来的人们(例如认为没有足够的时间),也应该接受公理四作为一个可能性。对于那些相信人类是从低级生物进化而来的人们,就更加非接受公理四不可了。

可能有些人认为,从非生物进化为生物,原则上就是不可能的。"死的东西怎么能够变成活的呢?"我们已经提过,在地球,从非生物进化为生物之谜,大致上已经由 Crick 与 Watson 对遗传基因的双螺旋结构的发现所回答。当复杂的有机分子形成双六角形的结构时,就能够自我复制,这就从没有生命中产生了生命。

我们不能肯定,在大宇宙生命的起源也和地球一样,也是双六角形。不过,我们也不能肯定,在大宇宙不能有生命的起源。虽然不一定是双六角形,不一定是核酸,不一定是 A,C,G,T,不一定需要水分与碳分子,但只要能产生自我复制,就有了生命的起源。我们小宇宙的特性,可能使基于核酸的双六角形的自我复制更加容易产生,也可能更加容易高速进化。但是,不论是双六角形的或非双六角形的自我复制,都没有在原则上就一定要求像相对论与量子物理的诡异性①。因此,不能排除,在大宇宙中从非生物进化为生物的可能性。

如果我们的小宇宙是创世者创造来让生物生存与进化的,因而有其特别适合生物生存与进化的特性,使进化特别容易与快速,则在不是被创造的大宇宙,生物的出现与进化很可能很难、很慢,但不能完全排除其可能性。有如第 5 章所述,在地球生物进化的三大因素(遗传、变异与自然选择)都没有在原则上必然要求具有相对论与量子物理的诡异性。进化论在相对论与量子物理学以前就由达尔文提出了,当时人们心目中的宇宙是牛顿式的,但人们并没有因而认为进化论原则上就是不可能的。

---

① 量子物理学在生物学的应用还在初始阶段,但量子物理性质对生物化学与生物分子动态学显然是重要的(见如 Engel et al., 2007; Reiher & Wolf, 2009)。不过,地球以及我们整个小宇宙的生物的量子物理基础,并不能否定大宇宙中的非量子物理的生物的可能,就像不能说,汽车不能够运行,因为它没有(像脚踏车的)脚踏板。

其次，即使没有像我们地球上生物进化的情形，也不能排除大宇宙有其他方式的进化。我们不可以说，喷射机不能飞行，因为它没有（旧式飞机用的）螺旋桨。

如果我们相信宇宙是创世者所创造的，则下述命题的创世论部分就已经被接受了。如果我们不相信宇宙是创世者所创造的，而相信达尔文的进化论，那么，既然在我们不是被创世者所创造的小宇宙中，进化是可能的（而且已经出现过），则在大宇宙中，进化也一定是可能的，因为小宇宙是大宇宙的一部分。

对那些既没有肯定相信创世论，也没有肯定相信进化论的人们，虽然可能未能相信进化是100%肯定的，但至少应该接受，进化是可能的。

公理五 高科技的可能性：当生物进化到像我们人类或更高的水平，就有可能通过科技（包括基因工程）而加强其功能或进一步进化，甚至达到我们现在不能想象的高度。

公理五也只是要求某些严格正的可能性，即使每万亿次的基因工程尝试有999 999 999 999次会失败甚或会造成灾难，也不否定公理五的正确性。灾难之后可能很久的时间，可以再重新从非生物进化，从头开始。只要在几万亿亿亿亿次的失败后，有一两次能够使功能大量加强的可能性，公理五就成立。功能的小量加强，早就由人类的科技所多次实现过了，包括用眼镜来加强视觉。

五百年前，如果对人们说，可以在一个箱子（电视机）上，看已经去世几十年的人在讲话与做事，绝大部分人会认为是无稽之谈。同样地，如果没有发生毁灭性的灾难（如果发生，则需要更多时间从头开始),几百、几千、几万、几亿年后的科技能够达到的高度,应该也是我们现在所不能想象得到的。而且,公理五只要求一些(严格正的,例如每万亿亿亿世纪中有 $1/10^{90}$ 的或然率)的可能性。因此,公理五也是非接受不可的。

有<u>些</u>不可思议,从上述五个非接受不可的公理,可以证明下述非常强的公理式创造论,也就是本书的进化创世论。公理式创造论是着眼于其证明的方式,进化创世论则是着眼于其内容。

命题一 公理式进化创世论:创世者从大宇宙中进化而来,并创造了我们这个小宇宙,或与我们这个小宇宙完全一样的一个小宇宙。

证明:根据公理三,大宇宙中有东西存在。但根据公理一,东西不能无中生有。因此,大宇宙中的东西必然原本就存在,有无穷长久的历史[①]。根据公理四,给定适当的环境或条件,非生物可以进化为生物,简单生物可以进化为复杂或高级生物。大宇宙包括小宇宙,因此不会比小宇宙小,很可能比小宇宙大许多倍,不能排除其中有些区域在九万亿亿亿亿年内,有非生物进化为生物,再进化到类似人类的水平的智能生物的可能性(我们的小宇宙只有一两百亿年的历史,已经出现人类)。即使

---

① 有些物理学家认为在密度无限大的奇点之前没有时间。这是根据我们的小宇宙的一些物理特性推理出来的,即使是对的,只适用于小宇宙,不适用于大宇宙。小宇宙的历史是有限的,但大宇宙的历史是无穷的(详见附录 D)。其次,比较后来的物理学家已经比较倾向认为奇点的密度并不是无限大,奇点之前并非没有时间的看法(详见 Barrow, 2000,第 9 章)。

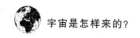

这可能性很小,例如只有一百万亿份之一,但根据公理二,严格正的或然率可以累积增加。因此,在九万亿亿的九万亿亿次方的九万亿亿次方年之后,这可能性增加到几乎等于1。当已经进化到类似人类的水平之后,根据公理五,又可以通过科技加强功能。不能排除,再多九万亿亿亿年,发展科技与进化到能够并且真正创造了我们的小宇宙或和我们这个小宇宙完全一样的一个小宇宙的可能性。即使这可能性很小,例如只有一百亿亿份之一,但根据公理二,严格正的或然率可以累积增加。因此,在九万亿亿的九万亿亿次方的九万亿亿次方年之后,这可能性增加到几乎等于1。大宇宙既然有无穷长久的历史(已经证明如上;详见附录D),这或然率增加到等于1。也就是说,大宇宙中肯定出现了创世者创造了我们这个小宇宙,或和我们这个小宇宙完全一样的一个小宇宙。证毕。

讨论一　是我们的小宇宙吗?

上述命题证明创世者从大宇宙中进化而来,并创造了我们这个小宇宙,或与我们这个小宇宙完全一样的一个小宇宙。但是它并没有百分之百证明我们这个小宇宙是创世者创造的,或者说它并没有百分之百证明,创世者所创造的小宇宙就是我们这个小宇宙。上述五个非接受不可的公理,只能让我们证明创世者创造了我们这个小宇宙,或与我们这个小宇宙完全一样的一个小宇宙。命题一并没有排除我们这个小宇宙并非创世者所创造的可能性。在本书前几章,我们论述了创世者在大宇宙中进化而来,并创造了我们这个小宇宙。但这只是一个论述,不是证明。虽然这个论述可以说是无懈可击,非常有说服力,然而依然不是百分之百的证明。

给定上述五个非接受不可的公理,命题一是被百分之百证明的了。除非有人能够推翻上述公理或推翻上述证明的正确性(笔者认为无懈可击),则必须接受命题一,接受创世者在大宇宙中进化而来,并创造了我们这个小宇宙,或与我们这个小宇宙完全一样的一个小宇宙。这允许两个可能,而且只有这两个可能:

A. 创世者创造了我们这个小宇宙。

B. 创世者创造了和我们这个小宇宙完全一样的一个小宇宙,但我们这个小宇宙不是创世者创造的。

这并不排除下述可能性:创世者创造了我们这个小宇宙,也创造了和我们这个小宇宙完全一样的一个或多个小宇宙。若然,则 A 是对的,而 B 是错的。因此,这个可能性包含在 A 中。不过,对本书的目的而言,简单的 A(不考虑另外一个或多个完全一样的小宇宙)已经足够了。

除非你能推翻上述公理或证明,你必须接受 A 或 B。先考虑 B。所谓和我们这个小宇宙完全一样的一个小宇宙,要求百分之百完全一样。那个和我们这个小宇宙完全一样的一个小宇宙,也必须有和我们这个小宇宙完全一样的室女座超星系团(Virgo Supercluster)、银河、巨蟹星座(constellation Cancer)与其巨蟹 55(55 Cancri)恒星、太阳、地球、月亮。它们的地球也有一个国家名为英格兰,其历史也包括大宪章、光荣革命、克伦维尔、牛顿与达尔文。

它们的地球也有另一个国家名为中国,其历史也包括黄帝、尧、舜、夏、商、周、战国（齐、楚、秦、燕、韩、赵、魏）、秦、汉、三国（魏、蜀、吴）、晋、南北朝（包括南朝的"前五代"：前宋、后齐、梁、陈、隋）、隋、唐、后五代（后梁、后唐、后晋、后汉、后周）、宋、元、明、清。它们也有名字、容貌和身世与我们的完全一样的屈原、李白、杜甫、苏东坡、孙中山、邓小平！

它们的中国的宋朝，也有一个"身世飘摇雨打萍"的文天祥，写了同样一首《正气歌》。他们也有所有《正气歌》所歌颂的"在齐太史简，在晋董狐笔，在秦张良椎，在汉苏武节。为严将军头，为嵇侍中血，为张睢阳齿，为颜常山舌"。他们也有管宁"清操厉冰雪"的辽东帽，有诸葛亮"鬼神泣壮烈"的出师表，有祖逖"慷慨吞胡羯"的渡江楫，有段秀实"逆竖头破裂"的击贼笏。

它们的中国也有"闭月羞花之貌，沉鱼落雁之容"的貂蝉、西施、王昭君和杨玉环四大美女，名字、容貌和身世与我们的四大美女完全一样！它们也有罗贯中的《三国演义》、施耐庵的《水浒传》、吴承恩的《西游记》和兰陵笑笑生的《金瓶梅》四大奇书。每部书从头到尾每个字都和我们的完全一样！

它们也有一个何时何地都经常放声大笑的黄有光（当然也有黄有光的四大美女 A、C、G、T），写了《宇宙是怎样来的？》和本书内容完全一样的一部书，有同样名字、容貌和身世的读者们（包括你）在读着本书！

如果你相信创世者创造了的小宇宙是像上述和我们完全一样的一个小宇宙，也就是说我们的小宇宙虽然不是创世者创造的，但是创世者却创造了像上述和我们完全一样的一个小宇宙，如果你能够相信在大宇宙内有一个像上述和我们完全一样的小宇宙,它是创世者创造的(B),就可以相信我们的小宇宙可以不是创世者创造的。如果你不相信在大宇宙内有一个像上述和我们完全一样的小宇宙,就必须相信我们的小宇宙是创世者创造的(A)。

如果 B 是对的,则那个和我们完全一样的,并且是由创世者创造的另一个小宇宙,不可能是和我们的小宇宙构成量子纠缠的一对小宇宙,因为若然,则我们的小宇宙也是创世者创造的,因而 A 是对的,而 B 是错的。

即使你真的能够相信 B,因而可以说本章并没有完全证明 A,但相信 B 并不能解释我们宇宙的诡异性与适生性。而且,你真的能够相信 B 吗?有一个和你完全一样的人,在一个像上述和我们完全一样的小宇宙中读"公理式进化创世论"?而且那个小宇宙是创世者创造的!即使相信 B,也必须接受进化创世论(只是所创造的不是我们的小宇宙,而是一个像上述和我们完全一样的小宇宙),那么为什么不相信能够解释各种问题的 A 呢?

讨论二 能够无中生有?

可能有人认为我们宇宙的历史并不是无穷长,时间是从大爆炸的奇点(singularity)开始的。对于我们的小宇宙,这很可能是对的。但是对于大宇宙,时间在大爆炸之前就有了。由于大宇宙中有东西存在(公理三),公理一确保东西原本存在,有无穷长的历史。认为大爆炸之前没有时间与事物,违反热力学第一定律(详见附录 D)。

有人认为从虚无中产生大爆炸并没有违反热力学第一定

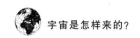

律,因为"宇宙中的正能量刚好被负的潜在引力所抵消",使宇宙或大爆炸"不必被创造而能够从虚无中产生"["uncreated out of the void"（Stenger, 2003；也见 Ostriker & Steinhardt, 2001)]。这个论点是根据 Stephen Hawking（1988, p.129）的下述论述：

"在我们可以观察到的宇宙中,有约一亿亿亿亿亿亿亿亿亿亿('1'后面有 80 个'0')颗粒子。它们从何而来？答案是,根据量子论,粒子能够以粒子与反粒子的成对形式,从能量中被创造出来。这些能量又从何而来呢？答案是宇宙的总能量刚好是零。宇宙中的物质是由正能量构成的。然而,物质相互吸引。比较靠近的两块物体,比距离大的同样两块物体有较小的能量,因为你必须花能量来抵消它们相互吸引的引力才能把它们分开。因此,在一定意义上,引力场可以说是有负的能量。在一个空间近似均匀分布的宇宙,这个负的能量刚好抵消物质所代表的正能量。因此,整个宇宙的总能量等于零。"

虽然笔者对 Stephen Hawking 很尊敬,但是仔细分析,可以看出这个论点是很牵强的。实际上并没有负的能量。[有关异物质（exotic matter）的负能量是另外一个问题。]Hawking 本人也只是认为"在一定意义上"可以说是有负的能量。在什么意义上呢？只是在下述假设性的意义上：如果你要把靠近在一起的物体分开,你必须用正的能量。怎么可以用这种假设性的能量来抵消宇宙中的能量(包括物质所含的相当能量),而说宇宙没有任何净能量/物质呢？

很难相信,一个完全的虚无能够在没有外在因素的作用下,自己分化为正和负的能量/物质。这显然违反不能无中生有的公理一。实际上,我们(或者创世者)不但需要正的能量或物质来构成宇宙中的存在物,也需要正的能量来把这些东西在约 140 亿年前以大爆炸的方式分离开来。不是不需要能量,而是需要双倍的能量!Hawking 的论点实际上只是说,我们的(小)宇宙中的能量(包括物质所含的相当能量),如果抵消掉创世者在创造大爆炸时所用的能量,刚好等于零。一减一等于零,但是这两个一都是正的。一减一等于零,但是零本身不能变成两个正的一!

然而有人认为量子物理学允许"在真空中自发产生维持短暂时间的电子与正子(负电子)的对子"(Stenger, 2000)。不过,这种电子与正子的对子的产生是由不同的电场(Marinov & Popov, 1977)或是重原子核的碰撞(Ivanov & Zueva, 1990)所引导的。所谓"在真空中电子与正子的对子的自发产生"实际上是用电子激光束使光子与原子核相互作用(Ivanov & Zueva, 1990)而产生的;并非真正自发。必须有至少等于那对被创造的两颗粒子的能量。这完全不是像 Tryon (1973), Guth (1981, 1997), Stenger (1990) 等人所说的"宇宙是最大的免费午餐"。

其实, Stenger 本人也承认,能自发产生电子与正子的不是真正的真空,而是"有正能量和负压力"的"假真空"(false vacuum, 见 Stenger, 1990, p.240)。如果真空能够量子波动成为正的与负的质能,它就不是完全没有东西。Stenger (2003, p.4 of ch.8) 自己也说,"以我看,虚无(void)并不是在绝对的、哲学上的'没有东西'"。相反地,"空间的结构就天生有能量。即使一个完全空——没有半点物质与辐射——的空间,它也包含这能量"(Ostriker & Steinhardt, 2001, p. 47)。"量子真空并非没有东西,它是有大量活动的蜂窝"(Barrow, 2000, p. 220;参见 Close, 2010, p. 108)。

还有,量子物理学应该不是终极理论,许多科学家相信有隐藏的变量。当我们发现这些变量,并且得出能够解释它们的更加一般与终极的理论时,就会更加确信无中生有是绝对不可能的。量子物理学并不是终极理论,爱因斯坦想要完成的统一场论到现在还没有踪影。部分的统一理论(量子场论)也有不同的版本,各有各自的缺陷(Fraser, 2009, p. 537)。即使是量子理论本身,"Bohr 自己的解释与哥本哈根学派的解释,几乎在所有细节,都是基本上不同甚至是相反的"(Gomatam, 2007, p. 736)。量子理论需要"重新构建,而不是解释"(Grinbaum, 2007)。

根据上述议论,我们可以肯定,不能无中生有。退一万步说,即使在真正的真空中,能够无缘无故地自发产生电子与正子,我们的宇宙真的是从量子波动中产生出来的最大的免费午餐,像这样的宇宙与产生这样的宇宙的虚无肯定比一台钟还怪异万倍。这样怪异的东西,难道能够没有创造者,本来就有吗?(参见 Zycinski, 1996。)

讨论三　大爆炸

假定产生我们小宇宙的大爆炸(这本身是一个假设,但合理且符合已经知道的事实的假设)有如科学家们所估计的,在

140亿年(确切年数并不重要)开始,在这之前我们的小宇宙没有更早的历史①。本章的公理确保创世者进化而来,并且在以往某个不确定的时间,创造了我们的小宇宙或和我们的小宇宙完全一样的另一个小宇宙。我们的公理并没有确保,创世者创造这个小宇宙的大爆炸是在140亿年前,或任何其他的某个确定时间发生的。

对于任何一个确定时期,例如10亿年,创世者就在这时期创造这个小宇宙的或然率可能是很低的(为了论述简单起见,不考虑讨论一中B的可能性)。这是否表示,创世者就刚好是在140亿年前创造我们的小宇宙的或然率是很低的?不是!这答案来自"人择原理"或"已然原理"(anthropic principle;这原理有不同的理解,见Carter,1974和Barrow & Tipler,1986)。在此,我们对这个原理的理解是"既然我们(人类)现在已经肯定存在,实际的情形必须符合这个事实。"纯逻辑不能确保创世者就刚好是在140亿年前创造我们的小宇宙的或然率是很高的。然而,我们现在已经肯定存在,也知道导致我们的小宇宙的大爆炸是在约140亿年前发生。虽然创世者可能可以在不同的时间创造我们的小宇宙,但是导致我们的小宇宙大爆炸是在140亿年前发生的事实,表示创世者就是在140亿年前创造我们的

---

① 不久前,255名美国科学院院士在关于气候变化与科学正直性的公开信[载于《科学》(Science),2010年5月7日]上说,"有确凿的科学证据表明我们的星球的年龄大约是45亿年(地球起源理论),我们的宇宙是在大约140亿年前的一次事件中诞生的(大爆炸理论)"(方舟子翻译)。因此,本书接受这些推论。

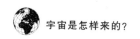

小宇宙。

不过,如果我们将来发现,我们的小宇宙在比140亿年前更早很长的时间就已经存在(包括大爆炸是更早前发生与我们的小宇宙在大爆炸前已经存在等可能性),则表示创世者是在比140亿年前更早很长的时间就已经创造了我们的小宇宙。

讨论四 可证伪性

我们的议论是否可以被证明是错误的呢?可以!命题一是从五个公理推导出来的,推翻这五个公理中任何一个或多个公理,就会使我们的议论不成立。例如,如果能够证明能够无中生有,能够从真正真空中不必外力自发产生东西,则我们的推论不能成立(但这怪事本身需要解释)。其次,如果能够信服地说明,我们从五个公理推论出命题一的过程有逻辑上的错误(笔者相信没有),命题一也就不成立了。命题一本身是否可以被证明是错误的呢?有如Susskind(2004)所指出的,许多伟大的思想曾经被认为是没有可证伪性的,但后来证伪或证真的方法却被发现了。还有,如果"观点的正确性是明显的……谁管他们不能证明是错误的"!

讨论五 给创世者评分

我们必须接受创世者创造了我们的小宇宙(至少对于那些不相信讨论一中的B,即创世者创造了的小宇宙不是我们的小宇宙,而是和我们的小宇宙完全一样的另外一个小宇宙的人来说,必须接受)。对创世者的这个表现,我们如何评分呢(如果我们敢)?有人认为分数很低,因为我们的小宇宙很不完美。也有人(例如Pilpel,2007)用这个不完美性来推翻创世论。这一论点是基于被创造的东西必须是完美的假设。这假设不能成立(参见 Steinberg，2007)。我们人类制造了许多东西，至少百分之九十九是不完美的。

其次，我们的小宇宙是被创造，而又是在演化的。约 140 亿年前被创造出来，之后大概是大致自然演化。只能说是"大概"与"大致"，因为虽然我们没有创世者干预的可靠证据，但也不能完全排除。例如，地球上生物进化史的一次高速进化的"大爆发"(Cambrian explosion)，是不是创世者在后台帮助呢？（对此以及类似问题，参见 Nakhnikian，2004；Strobel，2004。）

我们的小宇宙与地球虽然不是完美的，但如果用我们给学生考试评分的标准，本书认为应该给创世者 99 分，特特特优！

如果创世者从概念的定义上，就是完美的、无所不能的，则我们的世界是不完美的事实，可以作为质疑创世论的论据。不过，本书相信，所谓创世者是完美与无所不能的说法，不可以绝对化。相对于我们人类的能力，创世者的能力应该是大得多，几乎是无所不能的，但不一定是绝对无所不能，创世者所创造的东西，也不一定是百分之百完美的。

根据本书，创世者只是我们的小宇宙的创造者，他是否完美与无所不能，不影响本书的论点。有可能，创世者只是上一层宇宙中的一个成功的研究基金申请者，大爆炸与我们的小宇宙是一个研究试验！

7

本来有何物?各种可能选择的合理性

给定我们已经知道的一些事实(我们的存在、大爆炸、我们的小宇宙的怪异性、自然常数的适生性等),本书论述甚至证明了关于宇宙的起源与性质的问题。本书的进化创世论解释了小宇宙的怪异性与适生性,甚至回答了创世者的来源。进化创世论不但符合所有已知事实,也是能够回答所有这些问题的最经济与合乎逻辑的理论。可能有些读者还会继续问,进化创世论所说的大宇宙又是怎样来的呢?进化创世论的答案是:大宇宙是本来就有的。打破砂锅的读者可以继续问:为什么本来就会有这么一个大宇宙呢?本书附录C证明,这问题是没有意义,至少是没有答案的。可能有些读者还会认为,这好像是回答了,又好像不是很满意。因此,本章比较关于这些问题的答案的各种可能选择,并论述为何进化创世论是所有选择中最合理与最令人信服的,符合事实而没有自相冲突,也是最没有必要进一步解释的理论。

先列出各种可能的选择(信仰或理论):

1. 简单的纯大爆炸论:宇宙来自约140亿年前的大爆炸,没有创造者,没有其他东西。广义解释,这可以包括轮椅物理学家的没有"奇点",自我包含或独立的并非被创造的,只是存在的宇宙。(Hawking,1988,p.136.)[①]

[①] Hawking 认为,至少在想象的时间(imaginary time),宇宙没有"奇点",虽然在真实的时间(real time),应该有"奇点"。他也认为,"科学理论只是我们用来叙述我们观察到的东西的数学模式;它只存在我们的心中。因此,问什么是真实的,是真实时间还是想象时间,是没有意义的。问题只是,哪个是比较有用的叙述"(Hawking,1988,p.139)。笔者不能同意这种主观看法,甚至认为这是唯心的观点。

2. 最大的免费午餐论:我们诡异的宇宙是从假真空中量子波动出来的。

3. 与大爆炸相一致的循环论:宇宙不断在大爆炸与大爆缩之间循环,每个循环的自然常数会变化,我们刚好是在适合生存与进化为人类的那个循环。

4. 与大爆炸相一致的无数论:有许多甚至无数个像我们的小宇宙的其他小宇宙,每个小宇宙的自然常数会不同,我们刚好是在适合生存与进化为人类的那个小宇宙。

5. 简单的创造论:宇宙(甚至是包括人类在内的万物)是创世者(或称上帝)创造的,上帝是本来就有或永恒或超越时空的,甚至是超自然的。这不局限于但包括基督教与回教(不包括佛教)之类的宗教信仰。

6. 无数创造论:宇宙是创世者创造的,创世者是创世者的创世者创造的,如此类推。这个无数创造论可以包括如本书的自然的创世者,也可以包括如宗教的超自然的创世者。

7. 本书的进化创世论:我们的小宇宙是创世者创造的,创世者是在创世者所在的大宇宙中进化而来的,大宇宙是本来就有的。

可能还有其他选项,不过当我们论述了为什么进化创世论是最合理的选项后,读者应该也会认识到其他选项同样没有进化创世论合理。

由于简单的纯大爆炸论是当今科学可以直接论证的,因而可能是许多没有经过深思的科学家们所接受的,但它是完全不能考虑的,因为它:

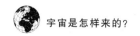

- 违反科学的最高原则：不能无中生有！
- 不能解释我们的小宇宙的怪异性、自然常数的适生性等。

简单的纯大爆炸论可以比喻为"唯地球论"，认为整个宇宙只有地球而已。相对于更早的地平论，这是一个进步。然而，唯地球论认为问北极以北是什么是没有意义的。我们知道，只要不局限于地球，这显然是错误的。北极以北是空气、太空、北斗七星。同样地，简单的纯大爆炸论认为，问大爆炸之前是什么是没有意义的。根据进化创世论，只要不局限于小宇宙，这问题是有意义的。

最大的免费午餐论不但是难以接受的（详见第6章），也同样不能解释我们的小宇宙的怪异性、自然常数的适生性等。循环论与多数论比较能够解释我们的小宇宙的自然常数的适生性，但也难以解释宇宙的怪异性。如果一台钟必须有一个制造者，难道九万亿兆台钟就不需要制造者了吗？大多数的多数论也违反不能无中生有的科学的最高原则。循环论与多数论也难以解释自然常数为什么会改变。

有一个可能性是，如果循环论是对的，例如将来发现支持我们的小宇宙在循环的较可信论据，则可以结合进化创世论与循环论。不过，近年的研究与发现，使多数学者倾向于认为大爆炸以来的"宇宙会继续无限地膨胀，并且加速"（Penrose, 2008, p. 172），而不是停止与收缩［参见 Taylor（2008）］。（Roger Penrose 是 1988 年与 Stephen Hawking 共同获 Wolf 奖的前牛津大学数学教授。）Penrose 与 Hawking 的分析也显示小宇宙并不能避免奇点而能够在大爆炸与大收缩之间循环(Gribbin,2009,p.110)。

其次,这个在循环的小宇宙依然太诡异,必须有创造者,而这个创世者依然应该是在大宇宙的漫长岁月中进化而来的。还有,没有大宇宙,不能够有现在的小宇宙,因为小宇宙是有限的,不可能到现在还没有在热力学第二定律下而冷酷死亡(或称"热寂"heat death)或成为大黑洞(详见附录D)。

简单的创造论是不能够接受的,因为与其相信创世者是本来就有的,不如相信宇宙是本来就有的,就像与其相信能够制造钟表的机器是本来就有的,不如相信钟表是本来就有的。

无数创造论是不能够接受的,因为这像相信地球是由一只大乌龟扛着的,扛地球的大乌龟又是由一只更大的乌龟扛着的,其下又有一只更大的乌龟等等,无穷无尽。问题不但没有解决,而且越来越复杂。

本书的进化创世论不否定创造我们的小宇宙的创世者,可能是更上一层宇宙的创世者所创造的。不过,由于不能够无数层一直推上去(不然就像无数乌龟论),我们把这可能的多层创造论简化为一层创造论,不假定我们的小宇宙的创世者是被创造的。因此,我们只解释这创世者的来源:创世者是在大宇宙的漫长岁月中进化而来的。

由于大宇宙有无穷长的历史,它不需要我们的小宇宙的诡异性与适生性,就能有足够的时间进化到创世者的水平。由于大宇宙几乎完全没有我们小宇宙的诡异性与适生性,它比较像石头,可以是本来就有的。只能说是"几乎完全没有",因为我

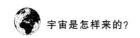

们的小宇宙也是大宇宙的一部分,创世者也是大宇宙的一部分。然而,由于大宇宙是无穷庞大与无穷久远的(证明见附录D),有时间能够在一些地方进化到创世者的高度,能够创造出我们的诡异的小宇宙。

有些读者可能会说,认为大宇宙是本来就有的并没有解决或回答问题。其实本书并没有"假定"、"认为"或"信仰"大宇宙是本来就有的,而是从非接受不可的公理证明出大宇宙是本来就有的(详见附录E)。

有些人认为必须有所谓"第一推动力"。这对于我们的小宇宙应该是对的。如果没有第一推动力,140亿年前的大爆炸从何而来?然而,谁来提供第一推动力?显然必须有一个创世者或其他力量。然而,根据大宇宙的定义,这个创世者或其他力量,就是属于大宇宙的。因此,它只能是小宇宙的第一推动力,不能是大宇宙的第一推动力。既然无所不包的大宇宙不能有第一推动力,又不能无中生有,只能是本来就有的!

我们之所以很难接受本来就有的概念,是因为我们所接触到的东西,都是个别东西,都是从其他东西演化而来,或是被制造的。包括我们自身在内的个别东西的"无常"性,使我们在心理上很难接受甚至想象本来就有的可能性。

从逻辑上说,可能但未必是"本来有些物",因为"本来无一物"也是一种逻辑可能性。单纯从逻辑上说,"本来有些物"与"本来无一物"可以说是两个大致有类似或然率的可能性。任何一个是事实,都不奇怪。就像投掷一个没有偏向的铜板,不论是正面或反面出现,都不奇怪。不需要任何解释,每个人都

7 本来有何物？各种可能选择的合理性

会接受,也应该接受。

"我思故我在"。"本来无一物"或者违反我们以及我们的小宇宙已经存在的事实,或者违反不能无中生有的最高科学原则。因此,不能是"本来无一物",而是"本来有些物",大宇宙是本来就有的。这是逻辑推论得出的不可不接受的铁论！我们应该像接受铜板不论是出现正面或反面一样,接受"本来有些物",接受大宇宙是本来就有的！不必继续问:为什么本来就会有这么一个大宇宙呢？本书附录 C 证明,这问题是没有意义,至少是没有答案的。

进一步说,简单大爆炸论违反不能无中生有的最高科学原则。不过,可能不是 140 亿年前的大爆炸,而是本来就有这个小宇宙？或是从本来就有的假真空中量子波动出这个小宇宙？这样,就不会违反不能无中生有的最高科学原则。同样地,如果要避免违反这个原则,循环论与无数论也必须承认宇宙是本来就有的。简单的创造论则假定上帝是本来就有的。无数创造论往后推上去,在一定意义上说,也可以说是假定本来就有某些层次的创世者。因此,无论如何,都必须承认某些东西是本来就有的。承认哪些东西是本来就有的比较合理呢？选择是:

1. 本来就有具有相对论与量子物理学诡异性的,并且能够产生生物,包括有主观意识与高度智能的人类的这个小宇宙。

2. 本来就有能够量子波动出我们这个小宇宙(包括其诡异的相对论与量子物理学怪性质以及后来出现的生物与心灵)的假真空(或 de Sitter space)。

3. 本来就有能够造成大爆炸与大爆缩的无数次循环,包括

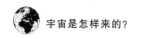

诡异的宇宙,而且每次循环后自然常数会改变的东西。

4. 本来就有能够爆出无数个小宇宙,包括诡异的小宇宙的东西。

5. 本来就有能够创造出我们的诡异的小宇宙的上帝。

6. 本来就有能够创造出上帝的上上帝。

7. 本来就有一个大致上不诡异,可能是类牛顿式世界的大宇宙。

聪明的读者,你选择哪一项呢? 显然,只有本书的进化创世论的第七项选择是比较合理的,如同相信石头可以是本来就有的。其他的选择,都是相信比钟表更加复杂与怪异百倍的东西可以是本来就有的,因而是不可接受的。

例如第二项,如果本来就有能够量子波动出我们这个诡异的小宇宙的假真空,则本来就已经有诡异的量子性质,而且能够在假真空中波动出我们这个庞然大物,而且又那么怪异,又能够在百多亿年内就进化出生物与心灵,达到能够讨论宇宙是怎样来的高度。这种不可接受的程度,本书认为不但没有比第一项低,应该比第一项高。有如 Close(2010,p. 166)所问,"什么东西把量子可能性编码入虚无之中?"

再如第五项,宗教界的最爱。笔者与相信基督教的朋友谈论本书的观点时,好多人都说,进化创世论与基督教不同的地方只是,前者认为大宇宙是本来就有的,后者认为上帝是本来就有的,没有什么不同。其实有几个很大的不同。

- 第一,进化创世论解释了创世者的来源,因而回答了宗教界不能回答的问题。

7 本来有何物？各种可能选择的合理性

- 第二，进化创世论认为大宇宙是本来就有的，不是一个假设或断言（assertion），而是用一些非接受不可的公理证明出来的结论（见附录E），因而也是非接受不可的。相反，宗教界认为创世者或上帝是本来就有的，这不但不是非接受不可的，甚至有如下一点所述，是不可以被理性接受的。

- 第三，大宇宙大致上是不怪异的，因而可以被接受是本来就有的；能够创造我们的诡异的小宇宙的创世者或上帝，是不可以被理性地接受是本来就有的。

有如本书多次论述过的，给定我们现代的地球，地上的石头与沙子，可以接受是本来就有或演化而来的，不必是被有智能的东西所有意创造；钟表则不可以被接受是本来就有或演化而来的，而必须是被有智能的东西所有意创造或制造的。我们的小宇宙怪异无比，比钟表更加不能够被接受不是被有意创造的。不承认这一点，是大部分科学界的一大弱点。

如果说钟表是由能够制造钟表的机器制造的，必须再问：能够制造钟表的机器又是怎样来的？与其相信能够制造钟表的机器是本来就有的，不如相信钟表是本来就有的。相信钟表是本来就有的，是不可接受的；相信能够制造钟表的机器是本来就有的，是更加不可接受的。同样地，相信我们诡异的小宇宙是本来就有的，是不可接受的；相信能够创造我们诡异的小宇宙的创世者或上帝是本来就有的，是更加不可接受的。不承认这一点，是宗教界的一大弱点。

本来就有些东西是不能避免的，你只能选择相信本来就有的东西是什么。显然，只有进化创世论的第七项选择是可以接

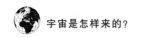

受的。何况,这不但是什么比较可信的问题,而且也是从非接受不可的公理证明了的结论!老七最棒了!哈哈!(读者们可能不知道笔者为什么大笑,原因是:笔者在兄弟姐妹中,是排行最小的第七,而且小时候就名叫老七,直到小学四年级才由班主任谢老师改名为有光。我的出生证上的名字是亚七,但大家都叫我老七,上学时也用老七。我的兄姐们都有比较正式的名字,轮到我时,我父亲大概是江郎才尽了。)

更进一步说,上述几个本来就有的东西的选项中,从第一到第四项是,至少是比较接近科学界所相信的东西的;第五与第六项是,至少是比较接近宗教界所相信的东西的。然而,如上所述,这两类本来就有的东西,都是不可以接受为本来就有的,因为作为本来就有的东西,这六项都比钟表更加怪异百倍,远远比不上老七合理。两类之间,也很难说哪一类明显地比较合理,因为作为本来就有的东西,彼此都很不合理!因此,对于比较相信唯物主义与(或)科学的读者(或其他人),笔者对他们说:如果你们要维护唯物主义与(或)科学,唯有接受老七(双重意义),才能够更好地使人们不相信超自然的上帝。对于比较相信宗教的读者(或其他人),笔者对他们说:如果你们要维护宗教,唯有接受老七(双重意义),才能使人们理性地相信创造论与创世者!

不论是相信科学或宗教或相信两者,如果你的信仰主要是基于理性的认识,而主要不是基于感情上的因素(说得好听些,或可以说是"跟着感觉走";说得难听些,就是迷信了),有什么道理不接受老七(双重意义)?

进化创世论的重要含义

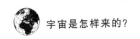

进化创世论有许多非常重大的含义。就其大者,略为论述。

8.1 对建设和谐社会的贡献

在前苏联解体、东欧转型、中国市场化改革之后,世界上东西两大阵营的对立已经不再存在。因此,今后世界上最主要的意识形态对立,应该会是创造论与进化论之间的论争。进化创世论调和了创造论与进化论,因而对建设和谐社会应该有很大的贡献。

根据进化创世论,创造论与进化论都是对的。进化论是对的,因为人是在地球的几十亿年的历史中进化而来的。进化创世论甚至把进化论一般化了,认为创世者也是进化而来的。创世论是对的,我们的(小)宇宙是创世者创造的。进化创世论也不排除,地球上生物进化史的一次高速进化的"大爆发"(Cambrian explosion),可能是创世者在后台帮助。心灵或主观意识的出现,也可能与创世者有关。(心灵的出现,可能就是在"大爆发"的时代。创世者是否是一次性干预?)甚至像心灵感应、千里眼、未卜先知等超常现象,如果存在的话,也可能与创世者有关(详见作者希望将会写作的另外一本书)。更不用说,我们的小宇宙的极度适生性(详见第 4 章)、与其极度诡异性(详见第 3 章)都可以归功于创世者。

一个反对创世论的强而有力的议论如下:如果我们的宇宙是被创造的,则这个创世者比我们的宇宙更加奇异,必须有一

8 进化创世论的重要含义

个创造创世者的"上上帝",无穷推后,扛地球的大乌龟下面有更大的乌龟,问题越来越大(Cameron, 2007)。如果比我们的宇宙更加奇异的创世者无须创造者,则我们的宇宙本身更加无须创造者(Smith, 1980)。对于传统创造论,这个议论很难推翻。但本书的进化创世论不受这个议论影响,因为我们的小宇宙只有约一两百亿年的历史,而大宇宙有无穷无尽的历史。在这个可能是或类似牛顿式的大宇宙(因而不需要创造者),创世者有无穷无尽的时间慢慢进化而来,因而也不需要创造者。我们的小宇宙诡异无比,又有极度的适生性,几十亿年(或百多亿年)就进化到人类的高度,非有创造者不能解释。因此,本书的进化创世论可以说是维护了创世论,替创世论反驳了上述议论。

不过,传统宗教式的创造论者,可能不喜欢把神圣的上帝说是进化而来的。其实,是进化而来的并不表示不能是神圣的。比起一个病毒,一只蚂蚁是很伟大的;比起一只蚂蚁,一个好人是很伟大的。比起一个人,创世者的伟大很可能比一个人之与一个病毒更高。因此,说创世者是神圣的,并没有错,并不与进化创世论有冲突。其次,比起人类,既然创世者的知识与功能是巨大无比的,简单地说成是"无所不知"与"无所不能"等,只要不把这些性能绝对化,也可以说并没有什么大错。因此,进化创世论使我们对传统创造论的许多要点,也比较能够接受。进化创世论也几乎完全接受进化论,并且把它一般化了。因此,进化创世论消弭了进化论与创造论之间的对立,对建设和谐社会应该会有很大的贡献。

创世者的近乎万能性,对于本书的进化创世论而言,应该

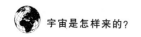

是对的,因为创世者真正地创造了我们这个这么诡异的小宇宙。不过,如果我们的小宇宙的"创造",只是从其已经具有诡异的量子性质的前身的黑洞洞穿回弹,则这种"创造",远非接近万能。在已经具有诡异的量子性质的宇宙,包括我们的小宇宙,只要把物质压缩到一定大的密度,就能够形成黑洞,就有可能制造出婴儿宇宙。许多科学家认为人类离开能够制造出婴儿宇宙的水平已经不是太远。然而,这种"创造"下,创造者在制造出婴儿宇宙之后,并不能影响甚至不能观察婴儿宇宙中的事物。即使我们的小宇宙真的是这么洞穿而来的,本书认为具有诡异的量子性质的宇宙本身不能够是原来就有的,它本身必须有真正的创造者。这个能够创造量子诡异性的创世者,才是接近万能的。

更进一步说,进化论与创造论之间的冲突,虽然只是科学界与宗教界之间的对立的一部分,但是,其中一个很主要的部分,而且进化论与创造论之间的严重冲突,也加大与加深了科学界与宗教界之间其他部分的对立。笔者向来不涉及宗教的事务,然而在最近却也受到这种对立的影响。

本书的进化创世论的观点于 2007 年在 Monash 大学研讨会提出来之后,先写成英文文章,先后试过哲学、科学哲学、宗教等期刊,编者都不能提出文章有什么问题,但都认为不适合在他们的期刊发表,都建议笔者寄给另外领域的期刊。笔者猜想,可能是因为倾向宗教的主编认为进化创世论把创世者回归自然,亵渎上帝;倾向科学的主编认为进化创世论证明创世者,支持创造论,对科学界不利。笔者这个猜想是否被下述事实证

8 进化创世论的重要含义

实了呢?

文章最后寄给美国的哈佛-史密森尼(Harvard-Smithsonian)天体物理学研究中心及其他英美各国科学家(包括著名的 Sir Roger Penrose;他是牛津大学数理物理学家,1988年与轮椅科学家 Hawking 共同获得 Wolf Prize)主编的《宇宙学期刊》(*Journal of Cosmology*),由于不知道怎样交呈稿费(submission fee),只是问了怎样交,第六天收到第一封电邮回件时,我还以为是来通知我交呈稿费的方法。然而,电邮中没有提到呈稿费,通知说四位执行主编都读了文章,都认为文章非常有意思并发人深思("very interesting and thought provoking")。然而,到了要接受文章时,还要求笔者把创造论、智能设计等字眼改成其他字眼,他们担心发表出来,会使科学界做出歇斯底里的反应("scientific community will go into hysterics")。结果采取的折中方式是,说明文章中说的"创世者"与宗教的上帝不同,并在使用"God"的字眼时加上引号,还把创世论改称为"宇宙论"。

其实,笔者认为,宗教界与科学界对本书的进化创世论可能的顾忌是不应该与不必要的。实际上,进化创世论对科学与宗教都是利大于弊的。进化创世论替宗教维护了创造论,使人们能够理性地相信创世者;进化创世论替科学避免了或者接受无中生有的最大的迷信,或者接受超自然的上帝,而这两者都是背离科学的。

如果人们坚持理性而接受进化创世论,就可以基本上同时保留科学与宗教的最基本的东西,同时拥有科学与宗教的精

华。如果接受进化创世论,就会使科学与宗教大大接近,甚至可以统为一体,这就会使将来的一两个世纪的最大的意识形态上的对立大量减少,使社会更加和谐。

在中国,随着改革开放的成功,在经济生产大量增加的同时,也有越来越多人接受西方的基督教,甚至有许多人恢复相信旧时的传统迷信。接受进化创世论,应该也会减少人们的不理性倾向。

8.2 对人生意义(唯快乐论)的含义

对于人生的意义,不同人有不同的看法。笔者的看法是,人生的意义或目的在于快乐,包括自己的快乐与帮助增加他者(不说他人,因为不排除动物)的快乐。其他的一切,包括法律、道德、原则等等,最终而言,都应该是服务于快乐。除了自己的与现在的快乐,如果也考虑了将来的快乐与他者的快乐,终极而言,就没有其他任何需要顾虑的东西了(详见附录G)。这是笔者从约五六岁懂事与有记忆以来就有的终极伦理道德观,一直没有改变。不过,笔者从来未曾相信任何宗教与上帝。(年轻时,曾经是共产主义的强烈信徒与行动者。其次,与其说是完全或肯定不信,不如说是存疑。)现在,既然证明了进化创世论,是否应该改变这个"唯快乐论"呢?

许多读者很可能会认为,应该改变,必须改变,而且必然会改变,因为几乎所有相信上帝的人都不是唯快乐论者。许多读者很可能会认为,既然我们是创世者所创造的,人生的意义不应该只是享乐,而应该有创世者所安排的意义。然而,笔者对唯快乐论的强烈信仰,一点也没有受进化创世论或创世者存在的影响。如果说有影响,也只是把唯快乐论一般化到包括创世者(以及其他,例如创世者的同类)的快乐。这并没有影响唯快乐论的实质,因为笔者的唯快乐论本来就不排除人类以外的快乐。笔者在证明进化创世论前很多年就已经用"他者(而非他人)的快乐"。唯一的不同是,以前笔者认为,除了人类与动物,其他有苦乐感受的东西的或然率大概不是很高。现在笔者认为这个或然率很高。

即使我们的小宇宙是创世者所创造,使我们能够进化而来,因而可以说我们是创世者间接创造的,人生是否有创世者所安排的、除了快乐以外的意义呢?即使像一些宗教信仰所认为,有天堂与地狱的存在,而人生的意义是避免下地狱,争取上天堂,有没有除了快乐以外的意义呢?人们都知道,天堂与地狱的最主要差别(终极而言,是唯一差别)就是,在地狱是受苦而在天堂是享乐。因此,即使人生的意义是避免下地狱,争取上天堂,也并没有除了快乐以外的意义。

即使我们到了天堂(或创世者安排的其他地方,或天园),并非只是享乐,而是有其他任务,这些任务最终意义何在呢?如果这些"任务"不影响任何东西的感受,执行或不执行这些任务有什么关系呢?如果这些"任务"会影响一些东西的感受,则终极而言,能够增加快乐或减少痛苦是好的,这个原则并没有变。

可能有读者会想,如果创世者并不要我们享乐,而要我们吃苦,那又如何呢?有些情形,吃苦有积极的意义,例如锻炼毅力,或是更大地增加将来或他者的快乐(其实锻炼毅力,也应该是为了更大地增加将来或他者的快乐,才有意义)。像这样有意义的吃苦,并没有违反唯快乐论。如果创世者并不要我们享乐,而要我们吃没有意义的苦,那又如何呢?

根据有些定义,包括宗教式的,上帝就一定是慈悲为怀的。若然,则上帝不可能要我们吃没有意义的苦。不过,根据本书的定义,创世者就是我们的小宇宙的创造者,他是否是慈悲为怀的,并没有定论。(下文论述创世者应该是慈悲为怀的。)进化创世论只证明了创世者创造了我们的小宇宙。(为叙述简单起见,不考虑极少人会相信的B情形,即创世者创造了和我们的小宇宙完全一样的另一个小宇宙,而我们的小宇宙不是创世者创造的。)进化创世论并没有证明创世者是慈悲为怀的。因此,从逻辑上说,必须考虑创世者要我们吃没有意义的苦的情形。(但下文论述这种情形事实上并不存在。)

如果创世者要我们吃没有意义的苦,那么他就是恶毒的。在这点而言,他比较像某些宗教所说的撒旦(魔鬼),不像某些宗教所说的上帝。如果是这样的创世者(撒旦),即使他是我们的创造者,我们也没有义务去为实现这种恶毒的意愿而去受苦。就像一个孩子,虽然是父母所生,如果父母恶毒地要孩子受没有意义的苦,并不是为了孩子或任何他者的快乐,则没有任何有道义与理性的人会认为这个孩子有义务去忍受这种没有意义的痛苦。同样地,即使我们用鸡蛋孵育出小鸡,我们并没有虐待小鸡的权利,小鸡也没有被我们虐待的义务。因此,唯快乐论并没有受创世者可能是恶毒的影响。不过,如下文所论,创世者应该是慈悲为怀的。

首先,从事实上看,绝大多数创造者对被创造者是慈悲的,例如父母对孩子、养鸡者对小鸡,绝大多数是爱护而不是伤害。你可以说这或是因为养鸡者的本身利益,或是自然选择的结果;然而,不论动机或原因是什么,结果是爱护。创世者对我们即使是出于某种原因的爱护,也不会让我们吃没有意义的苦。

其次,根据快乐学者的调查研究,世界上各国人民绝大多数是快乐的,而不是痛苦的(见 Frey 与 Stutzer,2002,中译2006)。而且,根据本书的看法,随着科技的进步,包括使用刺激大脑享乐中心与基因工程等方法,人类将来的快乐会飞跃增加百千万倍!(详见附录 A)虽然创世者可能在某些方面会要考验我们,不过,几乎可以肯定,创世者大体上让我们快乐。因此,创世者应该是慈悲为怀的。

根据本节的议论,进化创世论并没有改变唯快乐论的伦范上的正确性。其实,进化创世论所证明的是关于我们的小宇宙的来源的实证上的东西,而唯快乐论是关于规范或伦范的东西,因此,进化创世论实证上的正误,并不影响唯快乐论伦范上的正误。本书认为,唯快乐论伦范上的正确性,是有跨多层宇宙、放之不同宇宙而皆准的一般性的。

8.3 对人生意义(灵魂与来世)的含义

主观意识、精神或心灵肯定是存在的。其实,心灵的存在,

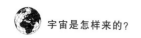

比客观物质的存在更加确定。有如现代哲学与数学之父笛卡儿(René Descartes)所说,"我思维,故我存在"。我们的主观感受是我们直接感受到的。严格地说,客观存在是通过我们的主观感受,间接推论出来的。如果说客观世界99.99%存在,则主观心灵世界99.9999…%(如果不是100%)存在。

然而,心灵的存在并不一定表示灵魂的存在。即使是唯物论,除了极端的取消唯物论(Eliminative materialism,取消心灵的唯物论),也承认心灵的存在,但或认为心灵与物质是同一的(同一论,Identity thesis),或认为心灵是从物质进化到一定的复杂程度后突现出来的(突现论,Emergentism),等等,而不相信有能够独立于物质而存在的灵魂。

东汉哲学家王充有一个很有名的唯物主义议论,"神之于形,犹利之于刀,未闻刀没而利存,岂容形亡而神在?"钢铁打成一边很薄的形状,就自然会产生能够切东西的"利"的功能。这个议论有很大的说服力。是否可以反驳说,"计算机坏了,但是软件还能存在,并发挥作用。"其实这个反驳并不成立。计算机坏了,计算机本身的功能就不存在了;软件的功能,是由不同的物质(例如光碟或软盘)所承载的。

不过,王充的议论,也未必肯定成立。如果给定"神之于形,犹利之于刀",则"岂容形亡而神在"的唯物主义结论是成立的。但是,神之于形,真的犹利之于刀吗?刀与计算机都没有心灵。(不过,笔者不时会怀疑这信仰是不是对的。计算机出了好几次同样的问题后,叫了专家来看时,它就恢复工作了,好像它有主观意识似的,知道专家要来,就不敢偷懒。哈哈!)人

(以及至少一些高级动物)是有心灵的。因此,适用于刀与计算机之类没有心灵的东西的议论,未必适用于人的心灵;心灵可能是特别的。

如果我们以及我们的宇宙都不是创世者创造的,而是自然演化而来的,则比较可能真的是"神之于形,犹利之于刀",心灵只是自然进化而来的、比"利"更高但与"利"类似的、物质的性质或功能。(但笔者还是有些疑惑,因为"利"只是客观的功能,而心灵是主观的。)即使我们的小宇宙是创世者创造的,也不能排除心灵是完全自然演化而来的可能性。然而,如果我们的小宇宙是创世者创造的,则比较难以排除创世者和我们的心灵的起源与归宿的任何关系。创世者在创造了我们的小宇宙,让生物能够在这个非常适合生物生存与进化的环境演化之后,也就很可能做一些帮助它们进化的事情,包括让心灵出现。就像我们养鱼,不会制造了鱼缸,装了水与把鱼放进去,就不管它们,而是会提供食物、换水、不时观赏等。

若然,为什么我们没有见到创世者在看我们?首先,可能现在创世者就在看我们,但我们不见得知道,就像我们用显微镜看细菌,细菌不见得知道。其次,很可能是"大宇宙方七秒,小宇宙已千年"。在这期间,即使创世者观察或干预了我们的小宇宙几千次,平均也要几百万年以上才有一次。其中有两次(也可能是一次,"毕其功于一役")可能是五亿多年前的 Cambrian 大爆发与心灵的出现(还没有确定是什么时候)。即使近代观察比较频繁,大概至少也要几千年以上才有一次机会。

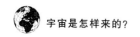

如果心灵的出现和创世者有比较直接的关系,则灵魂存在的可能性,就更加大了。如果我们对客观世界的主观感受是我们灵魂的作用,而且灵魂能够独立于人体而存在,则死后的生命(life after death)与来世的可能性都增加了。(这些以及类似问题,留到另外一本关于超常心灵现象的书来讨论。)若然,如上节所论,虽然没有影响到(拓展了的)唯快乐论的正确性,却让许多人对人生意义的看法,产生很大的影响,包括以下各点:

第一,即使今生无望,还可以寄望死后的生命与来世。这对许多人来说,可能是一种寄托,可以减少今生的痛苦。第二,对于那些不相信唯快乐论的人,人生的意义很可能有更大的提高,不但有今生与人世上的意义,还可能拥有创世者赋予的更神圣的意义。第三,对许多人的个人道德观上的看法,也会有很大的影响,如下节所述。

8.4 对个人道德观的意义

宗教的一个功能是使人们不太敢做坏事,因为即使没有受到法律的制裁,将来也可能会下地狱,或来世变成必须受苦的牛马。

除了法律与社会的可能制裁,做坏事还会有自己良心不安的肯定后果。这种良心的作用,一方面是教育与文化的影响,一方面是天生的倾向。人类有这种天生的良心作用,大概是因为人类是靠群居合作才能生存,需要这种制约干坏事的良心。由于这个原因,即使能够避免法律的制裁,干坏事通常也是不

8 进化创世论的重要含义

能增加快乐的(关于人类的感情与道德感与行为的生物学基础,见 Hauser,2006;Konner,2002。)

每个人的良心作用程度不同,即使加上教育与社会压力的作用,也未必足够,因而须要高成本的法律制裁。因此,如果能够通过人们的宗教信仰而使人比较不敢做坏事,则应该是有利的。

进化创世论不算是一种宗教,但因为它证明我们的宇宙是创世者创造的,因而在减少人们干坏事方面,应该与宗教有类似的作用。如果我们的宇宙是创世者创造的,我们的心灵也可能是创世者的杰作,则比较可能真的有死后灵魂可能还会存在,也比较可能有类似天堂与地狱的差异,还是不要做坏事的好!

有一个著名的"帕斯卡尔的赌博"(Pascal's wager)。17 世纪法国哲学家 Blaise Pascal (1623—1662) 认为,相信创世者是面对来世不确定性的最为稳妥的选择。如果我们相信创世者,而上帝并不存在,我们没多少损失;如果上帝存在,我们将得到无限的福祉,而且可以避免进入地狱的可能性。因此,选择做一名信仰者意味着有巨大得益的可能性,而选择不相信则意味着有巨大受损的可能性(见 Pascal,1958)。面对不确定性时,理性的选择是把预期福祉极大化(详见附录 G:快乐应是人人与所有公共政策的终极目的)。因此,根据帕斯卡尔,相信上帝是理性的。

由于从小受共产主义的影响,在写本书之前,我是倾向于无神论的未知论者。我当时避免"帕斯卡尔的赌博"的含义的方法是否认能够得到无限的福祉的可能性,认为所谓进入天堂的巨大福祉,福祉数量越大,其可能性越低,因而不信上帝未必是不理性的。

现在我是倾向于进化创世论的未知论者。(即使是百分之九十九,也不是百分之百呀!)根据现在的主观或然率,应该是相信上帝的预期福祉比较大。不过,还是有两个问题。第一,我现在(以前也是)还是相信,即使上帝存在,他也不会因为一个人相信不相信上帝就让他进入天堂或把他打入地狱,主要应该是根据此人的所作所为。第二,即使相信上帝的预期福祉比较大,信仰的东西不是选择信就能信的。

你可以选择出门带不带伞,但你相信什么,大体上是由你天生的倾向、人生经历、教育、耳闻目见(包括所读书刊、所看电视等)等所决定的,大体上并不是你选择的。例如一个人回到门口,发现自己的妻子与另外一个男人在偷情,即使他相信甚至知道,不相信这件事情曾经发生对他是比较好的,但他不是选择不信就能不信的。然而,你也不是完全不能选择。例如,你可以选择经常去教堂,时常读圣经。(笔者也曾经试图读圣经,但读不下去。笔者认为,《圣经》与《红楼梦》是笔者读过的许多书籍中最难读下去的书。)久而久之,你就可能真的相信了。就像许多在西方国家的中国留学生,为了低成本地学习英语,就去教堂参加教会活动,结果很多人都成为诚心的基督教徒。

进化创世论虽然在减少人们干坏事方面,与宗教有类似的作用,但也有不同的地方。宗教,尤其是基督教,比较重视对上帝的祈祷、对教堂的献捐等。相信进化创世论应该比较重视自助与自己的所作所为。因此，对于构建一个和谐社会，进化创世论可能比宗教更加有效。

进化创世论虽然解释了我们的小宇宙的来源与其许多秘奥，也解释了创造我们的小宇宙的创世者的来源，但却没有解释心灵的来源。你也可以认为这也是创世者的杰作，但心灵到底是在我们的小宇宙中自然（很难想象）进化而来，还是创世者做了手脚，还很难说。以后有机会再谈与心灵有关的一些超常现象，包括心灵感应、未卜先知、鬼魂的存在等比较神秘的问题，并把这些问题与量子物理学与进化创世论联系起来。

如果这些超常现象真的是存在的，则大大加强了我们的宇宙完全不像石头，不可能没有一个创造者的论断。（详见第3与第4章。）我没有在第3与第4章引用这些现象来支持创造论，因为这些现象的存在比较有争议性，而第3与第4章所依据的宇宙诡异性，是所有科学家都接受的事实。根据这些大家接受的事实，已经足够证明我们的宇宙完全不像石头，不可能没有一个创造者的论断。

附录 A 能够大量增加快乐的简单方法
——刺激大脑享乐中心

近几十年的研究显示,在温饱与小康之后,收入与消费的大量增加并不能大量增加人们的快乐。每个人还是要多挣钱多消费,然而其作用主要被人际之间的相互竞争所抵消。其次,人们对适应性的估计不足,人们以为增加消费能够大量提高快乐,实际上只是提高短期快乐,当人们适应了高消费之后,快乐并不能长期提高。因此,如果环保跟不上,经济发展甚至可能减少快乐。

然而,有一个简单的办法,能够长期与大量增加人们的快乐,这就是刺激大脑享乐中心。对于至少超过五亿已经小康的中国人口,即使每个人的消费每年能够增加一万元,快乐并不能显著增加。然而,这五亿人,即使每人只是贡献一元,或者从国库拨款五亿元,就有足够的经费来发展这种刺激大脑享乐中心的方法,制造出一种人们能够安全地用来刺激大脑享乐中心的机件,大量提高快乐。估计这种机件,在大量生产之后,每件的生产成本应该会比一部电视机还便宜。不过,我肯定,如果有需要,我愿意以至少人民币几十万元的价钱来购买。

早在 50 多年前,奥尔兹与米尔勒(J. Olds & P. Milner,

1954)试验显示,如果对老鼠大脑的一些部位施加电流刺激,老鼠会自发地回到该地,寻求更多刺激。进一步的研究发现了可分别产生快感(内侧前脑束、隔区、边缘区及下丘脑区)、痛感以及暧昧或混合感觉的大脑区域。用电流刺激人的大脑某些"享乐中心",可以缓解病痛和诱发极度的快感。电流刺激大脑带来的快感是如此巨大,使老鼠甘愿为之放弃进食和交配。刺激大脑还可以当作增进快感的"导火线"来使用。例如,黑斯(R. G. Heath,1964,p.236)报告说,"(来自刺激的)强烈快感类似于性兴奋的感觉,而且在大多数情况下患者会自发地到达性高潮……该名女患者已是第三次结婚,在接受脑刺激之前……从未有过性高潮的体验,但是自那以后她每次做爱时都能达到高潮。"一旦适当的神经元被激活,它们对刺激就更为敏感,这是因为建立起了正确的神经通路。

和吸用毒品不一样,刺激大脑对健康没有不良影响。只要用法得当,每天持续接受刺激大脑一段时间并长期坚持(例如每天几小时,如此数年)没有任何不良反应(M. M. Patterson & R. P. Kesner,1981)。因此,如果说刺激大脑上瘾有什么危害的话,唯一的可能是它会使人荒废自己的责任,以至于影响他人(尤其是儿女)的福祉。不过,尽管刺激大脑产生的快感非常强烈,我估计对它的心理依赖也不会达到这种程度。对刺激大脑上瘾的老鼠会不停地寻求这种刺激直到累垮为止,但是人"每天只需要半小时就足够了"。与其他的快乐和目标相比,刺激大脑提供的快感对人类来说并不是不可或缺的。如果你相信创造论的话,也许创世者把我们造成这个样子,是为了使我们不但能造福于自身，而且能造福其他动物。即使刺激大脑真的会造成严重的心理依赖，我们也可以用法律或者技术上的手段来限制其滥用，例如能够用来刺激大脑的电流只在晚上七到十点供应。

最妙的是，刺激大脑的快感没有边际效用递减。我们日常生活中的吃喝玩乐等享受，是通过对感觉神经的刺激，再传到大脑。这种快感有很强的边际效用递减作用。肚子饿了，吃新鲜有营养的食物，会有很好吃的感觉；吃饱了，边际效用减少到零，甚至是负效用。这是造物主或进化的安排，使我们及时进食，而又不过度。但是，对大脑享乐中心的直接刺激，没有通过周围的感觉神经，没有边际效用递减的作用。而且其快感跟新奇与否无关，因而能长期保持。此外，刺激大脑引起的快感的强度不随持续时间的延长而下降（不论是持续不断的刺激还是连续数年每天接受一次刺激）。因此，刺激大脑带来的巨大快乐增进会长期保持，并且能通过刺激技术的不断改进而得以提高。

也许有人担心刺激大脑会大大削弱人际间的关系。如果一个人只需拨动按钮就能自得其乐，他就不会花心思去培养人际关系。其实，这种可能性很小。即使刺激大脑可以带来很大的快感，也不会影响人类对友情的本能渴求。其次，刺激大脑带给人的满足感似乎不能与完美的性关系相比，因为后者能同时产生对大脑多个部位的刺激，并且有亲密的肉体接触；它似乎也不能与最高层次的精神满足相媲美。刺激大脑提供的快感能填补许多人这方面的不足，使人变得幸福而随和，这样也许能减少人与人之间的摩擦,改善人际关系。最后,即使人际关系真的淡漠了,刺激大脑带来的益处还是很可能远远超过这一损失。人们如果能够通过刺激大脑而得到快乐,多数人就不会去犯罪、去吸毒,因而可以解决许多社会问题。

虽然刺激大脑能大量增加我们的快乐,然而,半个世纪来,除了一些零星的科研试验和有限的临床应用之外,刺激大脑的巨大潜力尚未得到充分的发掘和重视。一方面西方(尤其是美国)受基督教的影响,对刺激大脑有非理性的负面看法;另一方面西方法律对于涉及人类的试验的限制条例太严,很难进行有效的试验。我希望中国能够大力加强对刺激大脑的研究,使之最终能被广泛应用。中国在这方面对人类的贡献,很可能会远远超过中国古代四大发明。

附录 B 评笛卡儿对上帝存在的"本体论"证明

有一个对上帝存在的所谓"本体论"证明,包括 Anselm of Canterbury(在其 *Proslogion*)与笛卡儿(在其第三与第五 *Meditations*;见 Cottingham et al., 1984)。笛卡儿有几个不同的"证明"。考虑下述"证明"(见 Nolan, 2006 的证明 B)。

1. 我有个关于一个最完美的主体(supremely perfect being)的概念(idea),这主体拥有所有的完美性。

2. 必然存在是一种完美性。

3. 因此,一个最完美的主体存在。

显然,这个"证明",最多只是证明上帝或最完美的主体存在于笛卡儿的心中,而不是证明上帝在实际世界中存在。有如 Gaunilo 指出的,"它(指笛卡儿的所谓'证明')从关于观念的心灵世界做一个不合理的逻辑跳跃。"(见 Nolan, 2006。)

考虑笛卡儿的另外一个"证明"(见 Nolan, 2006 的证明 A)。

1. 任何我清楚与明确的察觉(perceive)是包含在某个概念的,对于那个东西而言是对的。

2. 我清楚与明确的察觉必然存在,是包含在上帝的概念的。

3. 因此，上帝存在。

如果我们把上述"对于那个东西而言是对的"解释为适用于观念的世界，则上述证明只是证明上帝存在于笛卡儿的心中。如果我们把上述"对于那个东西而言是对的"解释为适用于实际的世界，则上述第一点明显没有普遍正确性，因而上述所谓证明也就不能成立。

再考虑笛卡儿的另外一个证明（根据 Crabtree，2004）。

1. 我存在。

2. 在我心中，我有一个完美主体的观念（notion）。

3. 像我这样一个不完美的东西（being），不可能想出一个完美主体的观念。

4. 因此，这个完美主体的观念必然源于完美主体本身。

5. 一个完美主体如果不存在，就不是完美的。

6. 因此，一个完美主体必然存在。

显然地，上述第三与第四点都是不成立的。

即使看笛卡儿的原著，也不能令人更加信服。例如：

"以我理解，'上帝'是一个无限的、独立的、有最高智慧的、有最高能力的实质，它创造了我与所有（若有）存在的东西。我越仔细地集中注意这些属性，就觉得它们越不可能单单源于我自己。因此，从已经说过的，结论必须是上帝必然存在。"（Cottingham et al.，1984，p.93）

包括休谟与康德在内的许多哲学家公开批评笛卡儿的"证明"。其实，有些时候笛卡儿自己也说，"所谓本体'议论'并不是一个证明,而是由一个没有哲学偏见的心灵所看得出的一个自我显然的公理"(Nolan,2006,第四段)。因此,与其说是证明,不如说是信仰。

笛卡儿有现代哲学与数学之父之称,是一位有高度智慧的大学者,但在对上帝存在的所谓证明上,却有如上述这么不堪一击与不合逻辑的论述,可以说是意识形态令人智昏的典型例子之一。我们应该吸取教训与提高警惕。

附录 C 为什么问"大宇宙为什么存在"是没有意义的?

重复一下本书的主要观点:我们是从我们的小宇宙中进化而来的,我们的小宇宙是上帝创造的,上帝是在大宇宙中进化而来的,大宇宙是本来就有的!大宇宙可以是类牛顿式的,没有像相对论与量子论等诡异性质,其自然常量也未必是很多刚刚好是能形成符合生物生存与快速进化的环境。因此,这大宇宙像石头,因而可以自我存在,不必创造者。

可以继续追问,为什么本来就有这一个大宇宙,而不是"本来无一物"?这个问题(甲)必须与另外一个有些类似的问题(乙)区别开来。这问题乙是:是"本来无一物"或是"本来有些物"?本书对问题乙的回答是:本来有些物!因为我们知道我们与我们的宇宙是存在的!如果是本来无一物,就不会有你这位读者在读本书!有我这位作者写了本书!因此,问题乙有一个很明确的回答。不过问题甲是问为什么,为什么是"本来有些物",而不是"本来无一物"?本书认为这个问题甲是没有意义的,至少没有答案。关于为什么问题甲是没有意义的,本附录进行论证。

我们只需要一个公理,即正文第 6 章的公理一(热力学第一定律的一般化:没有任何东西能够无中生有),就可以证明问题甲是没有意义的。先需要一些定义。

定义 C1　有意义的问题是至少在逻辑上可能有答案的问题。

北京天安门明年春节会不会下雨?现在可能没有人知道答案,但这问题是有意义的。等到明年,这个问题的答案就出来了。在现在北京天安门所在的地点,7003年前的春节有没有下雨?可能永远没有人会知道这问题的答案,但这问题依然是有意义的,因为它在逻辑上是有答案的:或者有下雨或者没有下雨。

如果某人昨晚没有做梦,或没有梦见小狗,那么他昨晚梦见的那只小狗的主人是不是银行的职员?这问题是没有意义的,因为它在逻辑上就没有答案,因为没有被梦见的小狗的主人是不存在的。

定义 C2　大宇宙:大宇宙包括所有可能有的东西,如果我们的小宇宙是创世者创造的,则大宇宙包括我们的小宇宙、创世者及创世者所在的宇宙。如果创世者所在的宇宙是上上帝所创造的,则大宇宙包括我们的小宇宙、创世者、创世者所在的宇宙、上上帝及上上帝所在的宇宙;其余类推。

定义 C3　自然存在与演化:凡是不是被人、创世者或任何其他有智能的东西所制造或创造的东西,就是自然存在或自然演化而来的。

我们知道,钟表等物品是人类制造的,虽然使用了一些自然演化而来的物质。河边的石头、野外的草等是自然演化而来的。虽然原本的整个小宇宙可能是上帝创造的。作为小宇宙的一部分，其中所有的东西可以说都是创世者创造的。然而，给定小宇宙已经存在了，其中个别事物，尤其是后来才出现的事物，有些是演化而来的，有些（像钟表）是被制造的。

被创造的东西，包括我们的小宇宙与我们制造的钟表，还可以继续演化，例如钟表会受空气、阳光、人们使用等影响。然而，对于我们现在的问题，不需要考虑这些复杂性，只需要区分自然存在与演化和被创造的两类东西。

定义 C4　问题甲：为什么会有这么一个大宇宙？

命题 C1　问题甲是没有意义的。

证明：对任何东西 X，如果我们问为什么会有 X，可能有很多不同的答案，但所有的可能答案可以归为两类。第一类是，X 是某些有智能的东西（包括人、外星人与上帝，如果他们存在的话）所制造的。第二类是，X 是自然存在或自然演化而来的。从定义 C3，只有这两类。

考虑问题甲，为什么有这么一个大宇宙？根据上段的论述，这问题可能有两类答案，而且只可能有这两类答案，不可能有这两类答案以外的答案。第一类是，大宇宙是某些有智能的东西所制造或创造的。第二类是，大宇宙是自然存在或自然演化而来的。现在我们要证明，对于问题甲，这两类答案都不可能成为问题甲的真正答案。

如果第一类答案成立，则大宇宙是某些有智能的东西所制造或创造的。然而，从大宇宙的定义（定义 C2）上，大宇宙本身就包括了"某些有智能的东西"。因此，在大宇宙被创造之前，

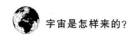

"某些有智能的东西"还没有存在。没有存在的东西,怎么能创造包括自己的大宇宙呢?因此,第一类答案是不能成立的。

如果第二类答案成立,则大宇宙是自然存在或自然演化而来的。个别的东西,例如沙子,可以从别的东西(例如石头)自然演化而来。然而,从定义 C2,大宇宙包括所有可能有的存在。如果有某些东西 Y,自然演化成为大宇宙,则 Y 本身也是大宇宙。因此,大宇宙不能从别的东西自然演化而来。但大宇宙可以是自然存在的。从公理一(不能无中生有),如果大宇宙存在(包括自然存在),则它有无穷无尽的历史。因此,大宇宙是本来就有的。既然大宇宙是本来就有的,说它是自然存在的,虽然没有错,但却没有真正回答问题甲:为什么会有?因此,第二类答案也不能是问题甲的答案。

因此,问题甲是在逻辑上就不可能有答案的问题。根据定义 C1,问题甲是没有意义的。证毕。

问题甲在逻辑上不可能有答案,连创造我们的小宇宙的上帝也回答不了问题甲。对心灵的起源的问题,本书没有答案,相信永远没有答案!但上帝可能会回答心灵的起源的问题(而我们人类可能回答不了)!本附录解决了问题甲,认为不需要回答它,因为它没有意义,至少没有答案。

附录 D 大宇宙是无穷久远与无穷庞大的

先区分大小宇宙的严格差异。

定义 D1 小宇宙:小宇宙就是我们生活在其内,我们,尤其是科学家,又尤其是太空物理与宇宙学家所观察到的宇宙。根据科学家们的研究,这个小宇宙是约 140 亿年前的大爆炸演进而来的。

定义 D2 大宇宙:大宇宙包括了我们的小宇宙,也包括任何其他东西(如果有存在的话)。任何时间,任何地方,任何东西都包括在大宇宙内。上下四方为宇,古往今来为宙。大宇宙是无所不包的。

定义 D3 东西:任何事物、现象或存在,不论是物质、能量、思想、精神等,都属于东西。不论是自然或超自然的(如果有超自然的东西存在的话),在定义上都包括在"东西"内。

如果唯物主义是对的,思想与精神等现象,只是物质存在的性质,只是物质的大脑的功能,定义 D3 是适用的。如果唯心主义是对的,物质是源于或基于或被精神所创造的,定义 D3 也是适用的。如果二元论是对的,物质、能量,思想、精神等都独立存在,定义 D3 也还是适用的。

公理 D1 热力学第一定律的一般化：没有任何东西能够无中生有(*ex nihilo nihil fit*)[①]。

这是科学最基本的铁律。以前我们有质量守恒定律，后来发现质量和能量可以互换，因而有质能守恒定律。以后即使发现质量和能量可以转换成另外一种东西 X，那么我们只要把质能守恒定律又再一般化为质能 X 守恒定律，没有任何东西能够无中生有的铁律依然铁定成立。因此这公理可以说是最非接受不可的。

即使是最极端的超自然力量的信徒，认为某种精神力量（或是任何其他东西）能够创造物质，依然必须接受公理 D1，因为精神力量（或是任何其他东西）也是东西。

公理 D2 大宇宙中有东西存在。

这就是第 6 章的公理三。我们知道小宇宙中有东西存在，大宇宙包括小宇宙，因此大宇宙中也有东西存在。

命题 D1 大宇宙是无穷久远的。

证明：根据公理 D2，大宇宙中有东西存在。根据公理 D1，东西不能无中生有。因此，大宇宙中的东西有无穷久远的历史。即使大宇宙中的某些东西，例如我们的小宇宙，是被某个造物主所创造的，这个造物主也在大宇宙之中，也是属于大宇宙中的东西。即使像某些宗教所相信的一样，这个造物主是无所不在（包括时间与地点）的，那么，即使大宇宙中没有任何其

---

① 本公理是和第 6 章的公理一完全一样的。关于热力学的几个定律，见 Goldstein & Goldstein (1993) 与 Atkins (2010)。

他东西,这个大宇宙也还是无穷久远的,因为这个造物主是无穷久远的,而且这个造物主也在大宇宙之中。证毕。

大宇宙是无穷久远的证明,只需要公理 D1 与 D2;要证明大宇宙是无穷庞大的,则还需要加一个公理。

公理 D3　热力学第二定律:在一个有限与孤立的系统,系统的混乱的程度(熵,entropy)随时间而增加,均衡时达到最大的混乱的程度①。

热力学第二定律(1850 年由德国物理学家 Rudolf Clausius 提出)不但在热力学,而且在生物学、控制论、概率论、天体物理等领域都有重要应用,在不同的学科中也有比较具体的定义,是各领域十分重要的铁律。具体体现可以用一个水桶,用一块木板分成两半,一半放热水,一半放冷水。在零时把木板拿掉。起初热水有序地在一边,冷水在另外一边。随着时间的增加,冷热水混杂,逐渐变成一桶温水。在没有外来影响(例如加热)下,水温也逐渐下降。水分子在做无序的布朗(Brownian)随机运动。如果不是因为有太阳的外来热能,使地球的地面上有相当高的温度,水温会趋向绝对零度②。

同样地,如果没有外来影响,我们的太阳系、银河以及整个小宇宙也会在几万亿亿亿亿亿亿年后趋向无序、混乱、冷酷地

---

① "经典的热力学第二定律没考虑引力影响。考虑引力,模拟最终形成大黑洞"(王飞)。

② 根据量子物理学,即使趋向绝对零度,也还有零点能量(zero-point energy)。零点能量,在假真空中也存在。不过,这是另外的问题。关于假真空、量子波动等,见本书第 6 章的讨论二。

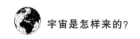

"死亡",虽然不会完全消失。

热力学第二定律虽然没有完全达到第一定律至高无上的高度,但也不遑多让。Eddington(1928,p.91)说过,"如果你的理论违反热力学第二定律,我不会给你任何希望:它只能崩溃于极度耻辱之中。"

命题 D2　大宇宙是无穷庞大的。

证明:如果大宇宙不是无穷庞大的,则它的大小是有限的。从它的定义,大宇宙是无所不包的,大宇宙之外没有任何其他东西。因此,如果大宇宙是有限的,则它也是孤立的。根据公理 D3(热力学第二定律),任何有限与孤立的系统,都会随着时间的增加而混乱化,时间趋向无穷大时,趋向完全混乱。从命题 D1,大宇宙是无穷久远的。因此,如果大宇宙不是无穷庞大的,它现在或老早前就应该已经完全混乱,就不可能在大宇宙中任何地方有高秩序的系统存在。我们的小宇宙、银河、太阳系、地球、地球上的生物、我们自己,到现在还是有高秩序的系统,也还存在。这明显的事实违背大宇宙不是无穷庞大的假定。因此,大宇宙必然是无穷庞大的。证毕。

由于大宇宙是无穷庞大的,热力学第二定律并不适用于大宇宙。因此,我们现在还能够讨论大宇宙是否无穷庞大的问题! 不然,整个大宇宙老早就已经完全混乱,我们老早就已经冷酷死亡,安能高枕读《宇宙是怎样来的》?

由于大宇宙是无穷庞大的,即使大宇宙中99.999 999 9…%的地方已经完全混乱,只要有 0.000 000 00…1%的地方还有高序系统,就不能排除有人在写《宇宙是怎样来的》的可能性!

附录 D 大宇宙是无穷久远与无穷庞大的

至于为什么会有这个无穷庞大的大宇宙,而不是"本来无一物",我们在附录 C 中已经讨论过了。

大宇宙是无穷庞大的事实,可能还可以解释为什么小宇宙在大爆炸后的扩张对每一个方向都是一样的;为什么考虑了 Mach 原理,可能并不需要有爱因斯坦的 λ(与万有引力相反的向外扩张的力量)也不会有爆缩(implosion);等等。Mach 原理说,任何物体的惯性是受到宇宙间所有质量的总体影响的。如果大宇宙是无穷大的,而且大体上是均匀的,则对任何方向都是对称的。不过,对这些问题的探讨,已经超越本书的范围。

假设 D1 我们生活在其中的小宇宙的历史是有限的,其大小也是有限的。

有如正文中提到的,255 名美国科学院院士在关于《气候变化与科学正直性》的公开信[载于《科学》(*Science*),Vol 328,Issue 5979,pp. 689-690,2010 年 5 月 7 日]上说,"有确凿的科学证据表明……我们的宇宙是在大约 140 亿年前的一次事件中诞生的(大爆炸理论)。"根据这个科学界的公论,小宇宙只有一百几十亿年的历史。即使科学家们低估一万倍,小宇宙也只有一百多万亿年的历史,肯定是有限的。在这有限的时间前开始,从奇点开始,即使以光速爆炸,即使其中的空间也在高速(但非无穷大的速度)扩大,其大小也是有限的,虽然相对于我们的地球来说是奇大无比的。如果接受科学界的公论,假设 D1 肯定是成立的。即使大爆炸理论是错误的,假设 D1 依然可以成立。

推论 D1 我们的小宇宙不是大宇宙的全部,大宇宙在历史或时间上与大小上都比小宇宙大得多。

证明:显然。

单单根据上述公理 D2 与 D1,即大宇宙中有东西存在与热力学第一定律的一般化,就可以证明时间是双向无限的,或大宇宙在时间上是双向无限的,有无穷久远的历史,也有无穷久远的将来。热力学第一定律(及其可能的一般化)除了蕴含上述强调的"不能无中生有",同样蕴含"不能有中化无"。

命题 D3 大宇宙在时间上是双向无限的。

证明从命题 D1 与"不能有中化无",大宇宙在时间上显然是双向无限的。

命题 D3,不但对于相信牛顿的绝对时间的人是成立的,对于那些不相信绝对时间只相信物理时间,认为如果没有东西存在就没有时间的人(例如 Hawking, 1988; Zinkernagel, 2008),也是成立的,因为既然大宇宙在时间上是双向无限的,则在任何时候都是有东西存在的。

牛顿认为"绝对的、真正的、数理的时间,就其本身,根据其性质,是不相对任何外物而同速流逝的(flows equably without relation to anything external)"(引自 Zinkernagel, 2008, p.243)。那些不相信绝对时间的人,认为在大爆炸之前是没有时间的。问大爆炸之前是什么是没有意义的,就像问北极以北是什么一样(Hawking, 1989, p.69)。其实,只是当我们局限于地球表面时,问北极以北是什么才是没有意义的。实际上是不需要局限于地球表面的,可以升空,可以入地。因此,"北极以北是什么?"是有意义的问题,一个合理答案是"北极以北是空气、太空、北斗七星"。

同样地,问大爆炸之前是什么是有意义的,本书的答案是:"大爆炸之前是创世者在大宇宙中,忙于让大爆炸成功进行!"而且,认为大爆炸之前没有东西是违反热力学第一定律(及其一般化)的。

Barrow(2000,p.295)也指出,"被 Hawking 与 Penrose 于1970 年代的定理所测定的奇点,被许多宇宙学家当成爱因斯坦的引力理论(即广义相对论)的实际预测所接受,虽然实际上它们(指上述 1970 年代的定理)只是预测,在某个以往有限的时间,当(宇宙的)密度太大到不能不考虑量子作用时,爱因斯坦的理论已经不是描述宇宙的好理论。在物理学的其他领域,预测物理可量的数量为无穷大的出现,一定会被认为是有关理论不再适用于该情况。有必要精确化,使方程式适用于更广泛的物理现象。然而,出现物质的密度无穷大与空间和时间的开始,却被许多科学家认为是可以接受的。"

笔者猜想,这种奇怪的态度,是受到意识形态的影响。对于那些不相信宗教的科学家,否认"奇点"之前有时间,可以鸵鸟式地避免回答"大爆炸之前是什么?"的问题;对于那些相信宗教的科学家,承认物质密度无穷大的"奇点",则可以把这归功于超自然的创造。笔者认为,不论是基于科学或宗教的意识形态,这种奇怪的态度,都是不可以接受的。如果老实些,至少应该承认,"我们不知道在大爆炸时发生什么事情"(Majid,2008,p.69)。

有些学者用近乎狡辩的方法来自欺欺人。例如,"假定时空只包括(大爆炸的)奇点(singularity)之后……"(Pitts，2008，p.682，p.697)，那么，如果把奇点的时点计为零，在奇点之后的任何时点(时间 $t>0$，例如 $t=0.001$ 秒)，其前面都有时空存在(例如 $t=0.0001$ 秒)。因此，如果不考虑奇点本身，任何时点($t>0$)的宇宙都有它之前的宇宙为其"生母"，因而并没有"无中生有"。然而，显然在奇点时，就是无中生有！因此，他们用"只考虑奇点之后"来自欺欺人。这种狡辩，与下述有名的狡辩有异曲同工之妙！

狡辩：神行太保追不上乌龟。

证明：假定乌龟在神行太保之前 10 公尺处缓慢向前行走，神行太保在后以高速向乌龟方向追赶，然而，不论其速度比乌龟大多少，当他到达乌龟尾巴的原起点(计为 A0)时，乌龟(根据其尾巴)已经走到 A0 点前的 A1 点。神行太保从 A1 点再以高速向乌龟方向追赶，然而，不论其速度比乌龟大多少，当他到达 A1 点时，乌龟已经走到 A1 点前的 A2 点。神行太保到达 A2 点时，乌龟已经到达 A2 点前的 A3 点……因此，乌龟总是在神行太保的前面，神行太保总是望乌龟尾巴而莫及。因此，神行太保追不上乌龟。证毕。

上述两种狡辩，都是利用时段与线段有(在连续性的假定下)不可数的无穷大(uncountably infinite)的时点或点来进行。然而，要超过或盖过无穷个时点，甚至无穷个越来越小的时段或线段，并不需要无穷久的时间。因此，我们有下面的反证。

反证：神行太保追得上乌龟。

证明：神行太保不需要走很快，只要比乌龟快。为简单起

附录 D 大宇宙是无穷久远与无穷庞大的

见,假定神行太保每分钟走 10 公尺,乌龟每分钟走 5 公尺。当神行太保从起点走到 A0 点时,需要一分钟。在这一分钟,乌龟走了 5 公尺到 A1 点。神行太保从 A0 走到 A1 只需要半分钟。在这半分钟,乌龟走了 2.5 公尺到 A2 点。神行太保从 A1 走到 A2 只需要 1/4 分钟……因此,神行太保从起点开始,总共只需要 $(1 + 0.5 + 0.25 + 0.125 + 0.0625 + \cdots)$ 分钟。这个无穷系列的总和等于 2。因此,神行太保只要 2 分钟就已经追到乌龟的尾巴。再多一些时间就会超越乌龟。证毕。

神行太保需要无穷个越来越小的时段,然而无穷个越来越小的时段不一定加总到无穷大的时间。同样地,例如从大爆炸的奇点开始后的一秒钟的这个时点,其前面有无穷个时点,也有无穷个越来越小的时段。然而,这些无穷个越来越小的时段的总和也没有大于一秒钟。一秒钟前没有东西,一秒钟后有一个庞然大物,你说没有"无中生有"?!如果你相信神行太保追不上乌龟,你就可以相信,不需要创世者,不需要大宇宙,大爆炸的"无中生有"并没有违反热力学第一定律或其一般化。如果你不相信神行太保追不上乌龟,你就不可以这么相信。给定大爆炸,就必须有创世者与大宇宙,除非你有其他解释[①]。

命题 D2 不但确认了大宇宙的一个重要性质,也回答了哲

[①] 即使不用笔者的上述议论来反驳上述诡辩,如果像有些学者(如 Majid, 2008)所相信的一样,时间并不是连续的,而是有量子性的,则即使不考虑"奇点",也不是每个时点之前都还有时点。不过,笔者相信时间与空间都是连续的。即使小于 $(1/10^{33})$ cm 的距离是不可知的(因为我们只能用大于无穷小的粒子来观察事物; Majid, 2008, p.66),这并不表示小于这个距离的空间是没有意义的(Majid, 2008, p.71)。

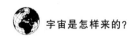

学界与科学界还没有公论的时间是否有起点之类的问题。本书的答案是,时间没有起点,没有终点,与大宇宙一样是双向无限的。

就像笔者中学时就把爱因斯坦计算出的宇宙的大小,认为只不过是上一层宇宙的一块面包的大小;当今科学界认为的宇宙的140亿年的历史,只不过是我们的小宇宙的历史。大宇宙是在时空上都是无限的。

附录 E （最）大宇宙没有创造者，它是本来就有的

根据本书(尤其是附录 C)的定义,大宇宙是无所不包的。

定义 C2　大宇宙：大宇宙包括所有存在的东西,如果我们的小宇宙是创世者创造的,则大宇宙包括我们的小宇宙、创世者及创世者所在的宇宙。如果创世者所在的宇宙是上上帝所创造的,则大宇宙包括我们的小宇宙、创世者、创世者所在的宇宙、上上帝及上上帝所在的宇宙;其余类推。

附录 D 的定义也是类似的(不同表述)。

定义 D2　大宇宙：大宇宙是包括我们的小宇宙在内的,也包括任何其他东西(如果有存在的话),任何时间、任何地方、任何东西都包括在大宇宙内。上下四方为宇,古往今来为宙。大宇宙是无所不包的。

定义 D3　东西：东西是无所不包的,任何事物、现象或存在,不论是物质、能量、思想、精神等,都属于东西。不论是自然或超自然的(如果有超自然的东西存在的话),都在定义上包括在"东西"内。

有如附录 D 所述,不论是唯物主义、唯心主义或二元论,上述定义都是适用的。

如果创世者所在的宇宙是上上帝所创造的,则创世者所在的宇宙既不是我们的小宇宙,也不是真正的大宇宙,应该把我们的小宇宙称为小宇宙 1,创世者所在的宇宙称为小宇宙 2,等等。也可以说,本书的"大宇宙"应该称为"最大宇宙"。由于我们现在没有"上帝所在的宇宙是上上帝所创造的"任何事实或理论依据,所以本书暂时没有做这种区分。不过,如果需要,这种区分并不影响本书的任何结论,只是在用词上需要稍微调整而已。

定义 C3 自然存在与演化:凡是不是被人、创世者或任何其他有智能的东西所制造或创造的东西,就是自然存在或自然演化而来的。

命题 E1 (最)大宇宙没有创造者,它是本来就存在的。

证明:如果大宇宙有创造者,这创造者也应该包括在大宇宙之中,因为从定义上,大宇宙是无所不包的。既然这创造者也包括在大宇宙之中,在大宇宙还没有被创造出来的时候,这创造者作为大宇宙的一部分,也肯定还没有存在,因而肯定不能够创造大宇宙。既然大宇宙没有创造者,根据定义 C3,它是自然存在或自然演化而来的。根据命题 D1,大宇宙又是无穷久远的,因此,大宇宙是本来就存在的。证毕。

附录F 辩"子非鱼,安知鱼之乐?"
——用进化生物经济学反击不可知论

摘要:庄子与惠子关于"子非鱼,安知鱼之乐?"的濠梁之辩,大概是中国历史上最有名的几个哲学辩论之一(其他还有公孙龙的"白马非马论"、王充的"神形利刀论"等)。古今论者多数认为庄子辩胜了。实际上庄子是诡辩。然而,本书也不支持不可知论,而是用进化生物经济学反击不可知论。这不但给濠梁之辩的胜负作出与历来多数学者不同的判断,或胜负判断同样而依据不同,而且超越中西方学界在可知与不可知论之间的僵持。通过证明所有具有机动性的物种都是具有意识的,所有具有意识的物种都是有苦乐感受的等命题,可以帮助评价濠梁之辩。

当然,正如萧伯纳所说,"我比莎士比亚伟大,因为我站在他的肩膀上";本附录在某些方面超越了庄子与其评注者,因为本附录站在进化生物学的肩膀上。从1859年发表到现在,达尔文的进化论只有百余年的历史,我们不能要求公元前300年左右的庄子能够具有这种知识。不过,到了21世纪的今天,如果我们的可知论的论据,还停留在公元前的水平,又是故步自封了。

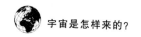

本附录先从濠梁之辩及一些学者的评论谈起,主要贡献在F.4节。

F.1 濠梁之辩

根据春归来的白话译文(http://www.blogercn.com/b/58484/archives/2007/224896.shtml),濠梁之辩如下:

庄子和惠子在濠水桥上游玩。庄子说:"儵鱼出游不慌不忙,这是鱼的快乐。"

惠子说:"你不是鱼,怎么知道鱼的快乐?"

庄子说:"你不是我,怎么知道我不知道鱼的快乐?"

惠子说:"我不是你,本来不知道你;可是你不是鱼,你完全不知道鱼的快乐呀。"

庄子说:"请让我顺着你最初的那个话来推论。你说'你怎么知道鱼的快乐'这句话,已经知道我知道鱼的快乐,可是你还问我。我在濠水桥上就知道鱼的快乐了。"

《庄子 秋水》的原文如下:

庄子与惠子游于濠梁之上。

庄子曰:"儵鱼出游从容,是鱼之乐也。"

惠子曰:"子非鱼,安知鱼之乐?"

庄子曰:"子非我,安知我不知鱼之乐?"

惠子曰:"我非子,固不知子矣;子固非鱼也,子之不知鱼之乐,全矣。"

庄子曰:"请循其本。子曰'汝安知鱼之乐'云者,既已知吾知之而问我,我知之濠上也。"

F.2 对濠梁之辩的一些评论

春归来认为,"这个故事描写了庄子和惠子在濠梁上游玩时,因为庄子说了一句'儵鱼出游从容,鱼之乐也',而惠子抓住不放,追根问底,想要否定庄子的看法。庄子虽然做了随机应变的反问,但惠子却顺着庄子的思路继续穷追不舍。最后庄子用'请循其本'的逻辑方法,非常简单地解释了惠子的追问。这个故事中表现了惠子对庄子的不服气和庄子善于思辩的风格。"显然大力扬庄抑惠。

西晋郭象写《庄子注》,唐成玄英写《庄子疏》,明末王夫之写《庄子解》。郭象的评注:"寻惠子之本言云,非鱼则无缘相知耳。今子非我也,而云汝安知鱼乐者,是知我之非鱼也。苟知我之非鱼,则凡相知者果可以此知彼,不待是鱼然后知鱼也。故特循子安知之云,已知我之所知矣,而方复问我。我正知之于濠上耳,岂待入水哉。"(郭庆藩:《庄子集释:诸子集成本》,上海书店,1986年,p.286)

成玄英也说:"若以我非鱼,不得知鱼,子既非我,何得知我?若子非我,尚得知我,我虽非鱼,何妨知鱼?"(郭庆藩辑,《庄子集释》第3册,中华书局,1954年,p.607)

王夫之的评注:"知吾知之者,知吾之非鱼而知鱼也。惠子非庄子,已知庄子是庄子非鱼,即可以知鱼矣。"(王夫之,《庄子解》,中华书局,1981年,p.148)

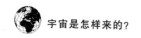

上述三位学者都替庄子辩解说,惠子不是庄子,而能知道庄子是庄子而不是鱼,则庄子虽然不是鱼,也可以知道鱼快乐。因此,正如陈少明所说,"看来郭王二氏对原典都取附和的态度"。(陈少明,由"鱼之乐"说及"知"之问题,http://202.116.73.82/2/jdjsx/info_Show.asp? ArticleID=288。)

F.3 对濠梁之辩及其评论的评论

本书认为庄子显然是诡辩。也有其他评论者认为庄子是错的,不过他们的论点和本书很不同。例如侯外庐对庄子的评论如下:

"惠施问他'子非鱼,安知鱼之乐',他则答说'子非我,安知我不知鱼之乐',其实鱼与人相比喻实在'不类',庄子是错的;而庄、惠二人相比喻则是同'类',惠施是对的。但庄子的一切方法论就在比喻的'不类'上入手。所谓'类与不类,相与为类',就指出了这一点。他的'止辩'的逻辑学是诡辩的。"(侯外庐,《中国思想通史》第一卷,人民出版社,1957年,pp.334—335。)

本书认为,庄子的错误不在于"类与不类"的问题。庄子说"你说'你怎么知道鱼的快乐'这句话,已经知道我知道鱼的快乐,可是你还问我。"这句话是诡辩。惠子那句话,只表示惠子知道庄子说庄子自己知道鱼的快乐,却不表示惠子知道庄子知道鱼的快乐。庄子这种强词夺理的诡辩,我想惠子肯定不会心服口服。《庄子》是庄子的弟子们根据庄子的教导写的。如果由惠子的弟子写,相信濠梁之辩不会在庄子这种无理诡辩下结束。

上述郭象、成玄英、王夫之三位学者都替庄子辩解,所说大致相同,也远远比庄子本人的诡辩强得多(但也有问题;见下),不过却不是庄子本人所说,至少没有在《庄子 秋水》中。因此,本书认为,根据秋水篇所记载,濠梁之辩很明显是惠子胜而庄子输,而庄子的弟子们以在庄子强词夺理的诡辩后就结束辩论的手法,来使没有深入分析的人们误以为庄子胜了。及乃涛(及乃涛,"濠梁之辩:没有赢家",《江汉论坛》,2000年10月,pp.65—67,http://www.hubce.edu.cn/cbb/qwjs/lib/13346.html)认为濠梁之辩没有赢家,另有其道理;下详。

上述郭象、成玄英、王夫之三位学者替庄子辩解所依据的理由是,既然惠子不是庄子,而能够知道庄子不是鱼,则庄子不是鱼,也可以知道鱼儿快乐。这个推论虽然比庄子的诡辩强,也有一定的道理,但却不成立。庄子是人,而鱼是鱼,这是一目了然的。相反地,鱼儿是否快乐,这涉及鱼儿的主观感受,很难一目了然。因此,即使惠子能够知道庄子不是鱼,庄子未必可以知道鱼快乐。

大致上,上述道理,类似及乃涛所说"郭、成二人忽视了事实判断与移情判断的区别,把它们视作等同的判断"。因此,及乃涛应该同意本书的观点,认为濠梁之辩很明显是惠子胜而庄子输。因此,及乃涛认为濠梁之辩没有赢家,应该不是指庄子与惠子之间在濠梁之辩的胜负,大概是指在濠梁之辩中,庄子所代表的鱼儿快乐可知论,与惠子所代表的鱼儿快乐不可知论,两者没有赢家。

其实,从秋水篇对濠梁之辩的记载中,看不出惠子是不可知论者。惠子本人的著作已经失传,主要有《庄子—天下》保存惠子的十个命题(历物十事),倾向绝对相对主义,看不出有不可知论的观点。而其"泛爱万物,天地一体",更与庄子的"天地与我共生,万物与我为一"及墨家的兼爱有共同点。"子非鱼,安知鱼之乐?"这句话,可以解释为鱼儿快乐不可知论,也可以解释为惠子只是问庄子如何知道鱼儿快乐。

他者(对鱼儿的一般化)主观感受(对快乐的一般化)不可知论有一定的道理。所谓知人知面不知心,要知道一个人或一条鱼心中的感受,当然比知道其外表难。然而,不可知论者把这困难绝对化,是一种不可取的极端。

及乃涛认为,"移情判断问题的实质就语言问题而言是'主体间性'问题,即某一认知主体能否达到对另一认知主体的诸如快乐、恐惧、疼痛此类情感的认知问题……'主体间性'问题与现代西方哲学界讨论的热点问题——"私人语言"是否存在?——密切相关……学界对这个问题的争论迄今为止尚未达成共识……而从不同的视界出发,对私人语言是否存在的问题可以给出迥然不同的结论,进而使得我们无法判别惠施与庄子在濠梁之辩中谁是赢家或输家。"因此,看来及乃涛认为濠梁之辩没有赢家,大概是指在濠梁之辩中,庄子所代表的可知论,与惠子所代表的不可知论,两者没有赢家,因为胜负未决。

F.4　用进化生物经济学反击不可知论

首先我们应该认识到,不能够直接看到的,未必是不可知的。例如我们以前看不到细菌,后来发明了显微镜,就能看到了。再如我们的视觉只能看到波长在红色与紫色之间的光线,红外光与紫外线以外的巨大范围的光线,包括伽马射线、X射线、微波射线、无线电波等,我们都看不到,但是科学家却可以通过其他间接的方法认识到这些射线的性质,甚至利用它们来为人类服务。我们看不到许多微粒子,却可以推论甚至用实验证明它们的存在与性质。由于树木夏长冬休,我们可以根据树干的年轮来推论树木的年龄,这更是一般人能够轻易理解的。

另一方面,我们也必须承认,他者(包括他人与其他动物)的主观感受是不能直接看到的,只能间接体会与推论。根据各种体会与推论,我们可以肯定他人有类似我们自己的喜怒哀乐等主观感受,也可以大致相信,包括牛羊猪狗猫猴等比较高级的动物,至少也有比较基本的主观感受。不过,像鱼儿、蚯蚓、细菌等比较低级的动物,我们能够确定它们有主观感受的可靠性就比较低了,要推论它们的主观感受的存在已经有困难了,遑论要知道它们快乐不快乐呢? 上述郭象、成玄英、王夫之三位学者推论的不足,就是没有认识到这困难。应该说,惠子在两千多年前提出"安知鱼乐"的问题,是很有意义的。

我们可以肯定他人(至少比其他动物较肯定)有类似我们自己的喜怒哀乐等主观感受,有一些理由。第一,我们属于同一物种,在身体的结构,包括导致能够产生主观感受的脑子的结构上,人人非常相似,既然我自己有主观感受,他人也应该有主观感受。第二,由于人类是合群的动物,一个人的生存与传宗接代的能力,在很大程度上依靠其对人际关系的掌握与适当处理。因此,我们天生有(并且在生活中学习而加强)能够通过对方的动作、表情与语言等方面,而相当程度地知道对方的思想与感情的能力。

然而,对于非人类的动物,要知道它们的主观感受,就比较困难。从纯哲学的角度,很难论定。因此,从完全不可知论到万有灵论(或称"泛心论"),都有信仰者。不过,依据进化生物学,却可以得出纯哲学推论所不能得出的结论。达尔文的进化论以及后来的发展与补充,已经得到大量的事实的支持。2006年9月,英国皇家学会宣称,人造的全球暖化,与地心吸力(即万有引力)及进化论同样是完全确定的事实。因此,这是百分之百的、无可争论的。(关于支持进化论的论据,见Sarkar,2007。)

从进化生物经济学(Ng,1995)的观点,我们可以进行下述推论。

公理 F1 不能对适生性(fitness)有所贡献的主要机能(mechanism),不能保存于进化均衡中。

适生性是指生存与传宗接代的能力。机能是指生物的器官或功能,例如眼睛或行动的能力。任何机能都需要维持与能量的供应,如果没有对适生性有所贡献,就会被没有这种无用机能的变异所取代。不过,进化不是一次性最优化,而是层层渐进。因此,不是所有物种的所有生理结构都是最优的,例如熊猫笨拙的拇指。不包括这类非主要的机能,主要的机能必须对适生性有所贡献。

公理 F2 意识本身不能对适生性有所贡献,它通过影响个体的行为而可能对适生性有所贡献。

例如,如果你眼看老虎要来吃你却不逃避,则你的意识并不能帮助你生存。

公理 F3 意识通过个体的酬赏与惩罚系统来影响其选择而影响其行为。

选择有别于自动的反应,例如当我们的手被火烧到,会自动缩手。这种自动反应不需要意识,不必通过大脑,直接由延髓控制。大脑感觉烧痛,是在缩手之后。这事后的痛感(惩罚),有助于避免将来的烧伤。更显然地,肚子饿时吃新鲜有营养的食物会感到好吃,是天生的酬赏,它使我们从事能够帮助我们生存的活动。

公理 F4 意识是神经系统进化而来的主要机能。

万有灵论者相信任何东西(包括石头、中微子)都有意识,因而未必会接受这公理。创造论者也可能不接受这公理。然而,几乎所有生物学家与进化论者都会接受这公理。如上所述,进化论可说是百分之百正确的,而意识显然是主要机能。

我们把物种分为没有机动性的物种与有机动性的物种。前者的所有行为都是事先由基因所决定的,个体本身并没有选择的余地。后者也受基因影响,但至少有些行为由个体进行选择。例如,小鸡跟母鸡的行为是完全由基因决定的铭印;猴子洗马铃薯则是有机动性的行为。

命题 F1 不考虑短暂的变异,行为没有机动性的物种不具有意识。

证明:既然意识是进化而来的主要机能(公理 F4),它必须对适生性有所贡献,才能在自然选择中被保存下来(公理 F1)。但是,意识本身不能对适生性有所贡献(公理 F2),它必须通过个体的酬赏与惩罚系统来影响其选择而影响其行为(公理 F3)。这类物种在定义上就是有机动性的。因此,如果不考虑不能在自然选择中被保存下来的短暂变异,所有具有意识的物种都是具有机动性的。证毕。

如果把公理 F3 加强为

公理 F3A 意识只能通过个体的酬赏与惩罚系统,才能影响其选择而影响其行为。

我们就可以把命题 F1 加强为

命题 F1A 不考虑短暂的变异,所有具有意识的物种都是有苦乐感受的。

如果加上

公理 F5 有机动性的物种是有意识的。

我们就可以得出:

命题 F2 所有具有机动性的物种都是具有意识的,所有具有意识的物种都是具有机动性的。

(关于上述公理的合理性与命题的推论,见拙著 Ng,1995。)

上述几个命题能够帮助我们回答"子非鱼,安知鱼之乐?"

的问题。快乐与痛苦是主观意识感受,因此任何个体必须先有意识,才能有快乐或痛苦。如果鱼儿连意识也没有,焉能有快乐或痛苦?然而,意识是主观的,我们如何知道鱼儿有没有意识?

根据命题F1,如果我们能够知道鱼儿(或任何其他物种)是没有机动性的,就可以排除鱼儿具有意识,因而知道鱼儿没有苦乐感受。虽然要知道某个物种是否具有机动性,也需要一些研究,但比起意识,机动性是比较客观的,比较能够通过研究得出结论。因此,上述命题可以帮助我们回答"子非鱼,安知鱼乐?"的问题。如果根据观察与研究,可以确定鱼儿是有机动性的,则根据命题F2与命题F1A,可以推论出鱼儿是有苦乐感受的。

如果鱼儿是有苦乐感受的,则根据进化生物学可以知道,当鱼儿在挨饿、被追杀或受伤时,应该有痛苦;当鱼儿在吃东西、在交配时,应该有快乐。如果看到鱼儿健康的样子,没有病态或受伤,出游从容,吃吃水草,认为鱼儿快乐,至少没有痛苦,这是有根据的判断。

因此,庄子说鱼儿快乐,并非没有道理。惠子问他为何知道鱼儿快乐,也是很有意思的问题。庄子说:"子非我,安知我不知鱼之乐?"则已经是有狡辩之嫌了。对这狡辩,惠子的回答("我非子,固不知子矣;子固非鱼也,子之不知鱼之乐,全矣")是无懈可击的。庄子后来的回答,如上所述,完全是诡辩。要正确地反击不可知论,不是用庄子式的诡辩,而应该用进化生物学的道理。

附录 G 快乐应是人人与所有公共政策的终极目的[①]

快乐是绝大多数人(若不是全部人)的终极目的,是一个极重要的问题,但人们对它的关心与研究很不够,尤其是经济学者。不过,近十多年来,已经有许多经济学者研究快乐问题,也有许多研究快乐问题的文章在一流经济学期刊发表。对此,笔者感到很欣慰,因为笔者认为,快乐不但是人人的终极目的,也是唯一理性的终极目的。因此,快乐也应该是(但未必是)所有经济政策与所有其他公共政策的唯一终极目的。对这道理的认识与推广,有助于大量减少无谓的痛苦,有助于避免应该最终为快乐服务的道德、原则、法律、主义等被野心家与局部利益团体或个人所利用,而违背大多数人的长期快乐。

笔者认为本附录所述要义,是伦理哲学的最基本要点。伦理哲学家如果能够深入认识这要点,就可以避免许多不必要的与低层次的争论。

---

① 本附录原发表于《经济学家茶座》,2008年第5辑,总第37辑,第4—14页。

什么是快乐?

笔者是研究福祉经济学的,因此对快乐问题,尤其是与经济的关系,向来很感兴趣。福祉或幸福是比较正式的讲法,或多数指比较长期的快乐。给定同样的时期,不考虑讲法的正式与否,则快乐(happiness)、福祉(welfare)和幸福(subjective well being)都是完全的同义词。如果一个人终身大都很快乐,则他就有幸福的一生。

快乐是一种和痛苦相反的主观感受,包括感官上的享受与精神上的欣慰。大部分时间,一个人多数没有快乐的感受,也没有痛苦的感受,快乐值等于零。当他生病、受到伤害(肉体上或是感情上)、忧伤时,他的快乐就是负值。当他有感官上或是心灵上的享受时,他的快乐就是正的,而快乐或痛苦有不同的强度。如果以时间为横轴,以快乐的强度为纵轴,一个人的快乐(横轴或中性线以上)与痛苦(中性线以下)可以用一条曲线来表示。净快乐就是中性线以上的面积减去中性线以下的面积。于是,尽管存在不同类型的快乐方式,总的快乐却是一维的。

作几点说明。第一,快乐只包括正的或好的(快乐)与负的或不好的(痛苦)感受,不包括中性的、没有苦乐的感受,或把这种中性的感受算为零。例如,我现在可以看到墙壁是米色的,但如果我对这个视觉既没有正的或好的,也没有负的或不好的感受,而且此外没有其他感受,则此时的快乐量为零。

第二，快乐包括所有正的或好的与负的或不好的感受，不论是肉体上或精神上的，不论是高级的或低级的，如果可以区分高低的话。其实本书认为快乐本身，除了不同的强度，没有高低之分，只有在一些另外的意义上，才有高低之分。例如，某种快乐感受，需要比较长时间的培养或训练，才能感受到，在这个意义上可以说是比较高级的。

第三，快乐本身也没有什么好坏之分。为什么有些快乐或享乐方式被认为是好的，有些被认为是不好的呢？这是因为有些享乐方式会直接或间接地（例如通过对知识或健康的影响）增加将来或他者的快乐（不说"他人"，因为不排除动物的快乐），有些会减少将来或他者的快乐。如果没有影响，或有同样的影响，则不同的快乐只有强度的不同，没有好坏的不同。

当然，不同的快乐感受有性质上的不同。欣赏音乐的快乐感受与吃冰淇淋的快乐感受，即使在时间与强度等方面都是一样的，它们之间也有很大的主观感受上的性质上的差异，即哲学家所讲的不同的"qualia"。然而，不论是音乐还是冰淇淋，如果给予感受者同样程度的快乐，又没有对将来或他者的快乐有不同的影响，虽然感受不同的 qualia，其快乐量是一样的。人们一般褒欣赏诗词与古典音乐或阅读的快乐感受，而贬吃冰淇淋的快乐感受，有一些原因。首先，前者一般可以通过陶冶性情或增加知识而增加将来或他者的快乐，而后者一般会通过增加体重而减少将来的快乐。其次，吃冰淇淋的快乐感受不需要通过培养，人人知道；而欣赏诗词或阅读的快乐感受需要培养，很多人重视不够。

快乐是终极目的

国内研究快乐问题的先行者陈惠雄博士说,多年前他写快乐论时,有人批评说,"我们应该讲吃苦,不应该讲快乐!"尤其对年轻人,强调能吃苦的精神是对的。这种精神,也能减少困难所带来的痛苦。但是,最终而言,吃苦或是为了将来的快乐,或是为了他者的快乐,才有意义,才有价值。(不说"他人",因为不排除动物甚至上帝的快乐。)若为吃苦而吃苦,何必呢?若人生一定永远痛苦大于快乐,我宁可世界毁灭!

追求快乐并没有什么不好,损人利己才是不道德。有一首民歌说,"我们努力地工作,是为了幸福的生活。"什么是幸福的生活呢?幸福的生活,就是快乐的生活!

快乐是一种主观感受,是我们直接感到的,因而快乐是我们的终极目的。工作为了赚钱(也可以是为了他人的快乐),赚钱为了消费,消费为了快乐。快乐不为其他任何东西;快乐是终极目的。快乐也能使我们健康与工作得更好。但健康与更好的工作,最终也是为了(自己或他者的)快乐。

快乐是唯一的理性终极目的

大多数人都要得到快乐,快乐是终极目的,这是无可争议的。但本书进一步认为,快乐是唯一的理性终极目的,任何其他目的,终极而言,都应该是为了得到快乐。这是比较有争议的,但却是在伦理意义上正确的。

例如邓小平强调的人民利益、生产力与综合国力这三个标准,本书是非常支持的。这三个标准非常实际、重要与有概括性。不过,我们可以进一步说,提高生产力是为了将来的人民生活与综合国力,综合国力是为了确保人民生活。那人民生活是为了什么呢?是为了快乐。因此,终极而言,只有快乐一项。

可能有人会认为,除了快乐,还有其他许多重要的东西,例如自由、民主、人权、主权、正义、爱情、自尊、自我实现等。甚至可以说,这些东西比快乐更加重要。这种看法,有正确的一面。为了短期的、个人的或少数人的快乐,而牺牲例如国家的主权,大多会减少多数人将来的快乐。在这个意义上说,国家的主权或其他的重要原则或事项比短期的快乐更加重要。不过,它们之所以更加重要,就在于增加多数人将来的快乐。因此,终极而言,事实上就只有快乐一项而已。

可能有人认为,像自由、民主、人权等重大原则,是有超越快乐的内在重要性的,对它们的坚持,即使减少快乐,也是值得的。这种看法,也有正确的一面。个人或集体,往往为了短期利益而牺牲重大原则,对所有人长期而言,往往是得不偿失的。为了避免这种失误,而在实际或政治层面强调重大原则的重要性与绝对性,应该是有需要的。然而,这并不否定,在伦理哲学或道德的终极层面,所有的原则,终极而言,应该是为快乐服务的。

"一女不事二夫"的贞操观

为了看清上述伦理真谛,考虑中国古代"一女不事二夫"的贞操观。当时人们普遍认为,即使丈夫去世,甚至只是拜了堂而还未圆房,女人也不应该再嫁。当时人们普遍认为,这种贞操原则,是有超越快乐的内在重要性的,对它们的坚持,即使减少长期快乐,即使造成重大痛苦,也是值得的。这种贞操观,实际上在中国古代真的造成难以估计的重大痛苦。因而,经过长期的苦难之后,这种贞操观逐渐被人们抛弃。在这方面的贡献,包括许多小说家对这种贞操观的批判。

不要以为,像"一女不事二夫"的贞操观对快乐所造成的重大危害,只是古代人们的愚蠢所造成,现代社会是不会出现这种事情的。实际上,即使是现代,即使是现在,甚至是将来,许多重大原则(包括民族主义)经常被人们利用来从事对大多数人造成重大危害的勾当。

生命是绝对神圣的?

举一个例子,考虑人们向来所认为的"生命是神圣的"这观点。以笔者所知,持这种观点,在西方社会,尤其是信基督教的人们及修读医科的学生中,特别强烈。本书并不认为"生命是神圣的"观点,没有其正确的一面,其错误在于把这原则绝对化,及与快乐分裂开来。

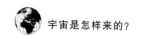
宇宙是怎样来的？

多年前，笔者曾经与一位正在修读医科的学生论及生命的神圣性的问题。他斩钉截铁地说，"生命是绝对神圣的。当一个人有生命危险时，我们必须不计任何牺牲，竭尽可能地挽救她的生命。"笔者说，"如果资源有限，例如你只有一千颗药丸，而今天有一个重病垂亡者，非得吃完所有这一千颗药丸不能确保其性命。然而，明天将会有一千个初患者，每人吃一颗药丸，就能挽救性命。那你是要在今天救这个重病垂亡者，还是等明天救一千个人呢？"他还是斩钉截铁地说，"今天就必须救这个重病垂亡者，因为生命是绝对神圣的！"

对医科学生强调生命的神圣性，有其正面作用，可以增加医生对治病救人的重视，减少草菅人命的不负责任行为。然而，生命之所以重要，就在于它能使人们享受快乐。你害死一个人，就使他不能享受快乐。如果我活着，肯定是在受苦，也不能对他者的快乐有所贡献，那么我宁可死亡，或未曾出生。

盲目强调生命的绝对神圣性，不但可能会，而是已经造成并且将继续造成大量的苦难。有许多患了绝症的病人，已经几乎完全没有希望，却在经受巨大的痛苦。有些甚至是求生不得，求死不能。然而，由于几乎所有国家的法律都禁止安乐死，医生与亲友也不能帮助他们早日脱离苦海。

笔者的一个目击经验

笔者在这方面有一个目击的经验。我的前同事杨小凯，对分工的经济理论有特殊的贡献，不幸于2001年9月被诊断为晚期肺癌,并于2004年7月7日逝世。在他逝世前约两个星期,我到他家看他时,他三次对我说,最大愿望是尽早去见上帝,因为非常痛苦(小凯约于2002年时皈依基督教。)老实说,我也是受了生命神圣的思想、道德与法律的影响,不然当时应该劝小凯说,既然非常痛苦,又已经没有希望救治,对家人也是一个重大负担,为何不服食安眠药,早日脱离苦海,早日去见上帝呢?敢于这样劝其朋友的人,我会非常敬重他!

通常我们会鼓励人们,即使有重大困难,也要勇敢地活下去。托尔斯泰也叫人们要热爱生活,即使是在受苦的时候。一般来说这是对的,因为这种精神能够减少痛苦,而且希望能够克服困难,将来会得到快乐,或对他人(包括在科技、艺术、社会、亲情等方面)作出贡献。然而,像小凯的情形,已经是万无一望,何必多受几个月的巨大痛苦呢?像这种情形,很多很有理性的人们,为何不能选择提早结束生命的理性途径呢?

预期效用/快乐

第一,由于进化上的原因,几乎每个人都有过度怕死的基因。适当程度的怕死,不但减少无谓的死亡风险,也增加预期效用/快乐,因而是符合理性的。当有不确定性时,理性的行为或偏好是把预期效用极大化。如果肯定会下雨,带雨伞是理性的;如果肯定不会下雨,不带雨伞是理性的。如果不肯定,应该把预期效用极大化。假定各种情况的效用有如下述:

	下雨	不下雨
带伞	11	12
不带伞	2	13

像上述情形，如果不下雨，带伞（比起不带伞）所造成的效用损失（带伞的累赘）等于 1；如果下雨，不带伞（比起带伞）所造成的效用损失等于 9。因此，只要有超过一成（10%）的下雨机会，带伞就比不带伞好。例如，下雨的机会是二成，不下雨的机会是八成，则带伞的预期效用是：$(11 \times 0.2) + (12 \times 0.8) = 11.8$；不带伞的预期效用是：$(2 \times 0.2) + (13 \times 0.8) = 10.8$。带伞的预期效用比不带伞的预期效用高。

什么是效用？一个人的效用反映或代表他的偏好达至的程度。既然快乐是终极目的，如果不考虑对他者的影响，也不考虑信息不足够的情形，则理性的偏好应该就是把快乐极大化。在这简单的情形里，效用与快乐就可以通用。

当有不确定性时，理性的行为或偏好是把预期快乐（或福祉）极大化（详见笔者 Ng 在 Social Choice and Welfare 1984 的文章）。因此，所谓过度的怕死，就是怕死到减少预期效用/快乐的程度。例如，冒一点危险就能大量增加快乐，也不敢冒险，则是过度的怕死。为什么人们有这种过度的怕死的偏好呢？

一个人的偏好，既受先天遗传因素（基因）的影响，也受后天教化的影响。这就是所谓 nature 与 nurture。过度的怕死的倾向，主要大概是先天的作用。遗传因素是靠自然选择自然演化而来的，有助于生存与传宗接代的因素被保存下来。因此，基因所极大化的是生存与传宗接代上的适生性,而非预期效用或快乐。过度的怕死的偏好(如果不是过度得太过度),有助于生存。因此,虽然过度的怕死的倾向会减少预期快乐,也会被传播(详见笔者在 Biology and Philosophy 1995 的文章)。

帮助脱离苦海,胜造三级浮屠

不能否定,有些情形,例如当一个人面对重大困扰或心情非常忧郁时,可能会不恰当地选择自杀。由于死了就不能复生,我们应该劝人们不要轻易选择结束生命,而要设法克服困难。然而,如果面对像不治之症那样的不可克服的困难,预期快乐肯定是巨大的负数,选择结束生命是理性的。而且,由于多数人有过度的怕死的倾向,当一个人不是一时冲动,而是冷静思虑后决定结束生命时,绝大多数情形是继续生存的预期快乐是非常大的负数,也就是继续生存将会经受大量的痛苦。

当一个人理性地选择结束生命,而求死不能时,帮助她脱离苦海,至少胜造三级浮屠。当然,我们必须有适当的法律,防止居心不良的人,为了自己的利益(例如遗产),而使他人早日归天。不过,本书肯定,全世界几乎所有国家的法律,在处理安乐死的问题上,绝对失之太严,使许多应该早日安乐死的人们,继续经受巨大的痛苦。本书认为,当今各国关于安乐死的法律,及人们关于生命的绝对神圣性的道德观,造成许多无谓的痛苦,比起古代"一女不事二夫"的贞操观所造成的苦难,不遑多让,甚至有过之而无不及!

现在可能有很多人很难理解，为什么古代的人们会这么愚蠢，为什么会持有"一女不事二夫"的贞操观。本书相信，至多一两百年后，也很可能将会有很多人很难理解，为什么21世纪的人们会这么愚蠢，为什么会持有"生命是绝对神圣的"的道德观，为什么会容忍那些严厉处罚帮助无望的垂亡病人早日脱离苦海的勇敢的医生的法律？为什么熟读正气歌的人们（包括笔者），会不敢劝他们的无望的垂亡朋友，选择早日脱离苦海的理性决策？

在我们讥笑古人的愚蠢之前，是否应该反省我们自己的愚蠢与懦弱？

任何道德原则与公共政策最终应该为快乐服务

如果我们认识到，如果不顾造成大量痛苦，坚持像"一女不事二夫"的贞操观，是非常愚蠢的，就应该认识到，任何道德、原则（像上述民主、自由、人权）、法律、政策等，最终都是应该为快乐服务的。因此，没有任何原则（无论多么重大），是有超越快乐的内在重要性的。一个原则之所以重要，最终而言，就在于其对快乐的贡献。因此，本书认为，快乐是唯一的理性终极目的，任何其他目的，终极而言，都应该是为了快乐。这个观点，虽然比较有争议性，但伦理意义上却是正确的。

本书进一步认为，千百年来，伦理哲学家们的最大错误，就在于没有明确地认识到，终极而言，快乐是唯一有价值的东西。

在这个终极价值的问题上,人类的伦理哲学到 19 世纪的效用主义者(像边沁等人),已经达到顶峰。其后的论争,甚至包括效用主义者的米勒,都是在走下坡路,都是在倒退。这当然不否定,在个别问题上,在把效用主义应用到具体问题上,后来的伦理哲学家们有一定的贡献。例如普林斯顿大学哲学家 Peter Singer,在把效用主义应用到现代的一些具体伦理问题上,尤其是关于动物的福祉,有重要的贡献。(见其 *Animal Liberation* 和 *Practical Ethics* 两本书。Singer 多年前在 Monash 大学,曾和笔者合写过几篇伦理哲学的文章。)

也不能否定,非效用主义的学者,在实用伦理哲学问题上,也有所贡献。例如经济学诺奖得主森(Amartya Sen)强调穷人或不幸人们的生活能力与功能的重要,其论点被联合国机构所重视。不过,在伦理道德的终极问题上,他和我的观点不同。我同意照顾穷人、人权等的重要,但认为终极而言是为了快乐。我们曾经在期刊(见笔者 Ng 与 Sen 在 *Economic Journal* 1981 上的文章)与口头上争论过几次,彼此没有说服对方。我与 Amartya Sen 的论争,甚至间接地在我和森的大弟子 Prasanta Pattanaik 之间进行。最后,Prasanta 对我说,"每次我和 Amartya 谈论这问题时,就认为 Amartya 对;而每次我和你谈论这问题时,就认为你对!"

快乐与痛苦是每个人(甚至是每个有苦乐感受的动物)所能直接感受到的。因此,认为快乐是有正价值的,痛苦是有负价值的,这是显而易见的。最肤浅与狭窄的观点是,一个人只看到自己的与眼前的快乐,没有看到将来的与他者的快乐。因此,认为快乐是终极目的,甚至是唯一的终极目的,可以是一种肤浅与狭窄的观点。如果比较深入分析,就会认识到,不能只看到自己的与眼前的快乐,也要看到将来的与他者的快乐。因此,必须重视对大众的长期快乐有贡献的道德、原则、法律、制度等。由于像自由、民主、人权、法治等的巨大重要性,在实用或政治层面上强调他们的原则性或绝对性,以避免人们尤其是政客们,为了私利轻易损害重要的原则。久而久之,人们把这些应该最终为快乐服务的道德、原则、法律、制度等绝对化,把它们认为是有内在价值的东西,就像古代人们把"一女不事二夫"的贞操认为是有独立于快乐的内在的绝对价值一样。

对任何一个道德原则 X,我们应该要问,为什么要遵守 X?如果说,必须遵守 X,因为要 Y,而 Y 不是快乐。那么我们必须继续问,为什么要 Y? 最后必然得出,最终是为了快乐。不必再问,为什么要快乐,因为快乐的价值是每个人可以感受到(如果是自己的快乐)或体会到的(如果是他者的快乐)。因此,快乐是唯一的终极目的,是唯一具有终极价值的东西。

从最肤浅与狭窄的一己之私的快乐观点,进行最深入的探讨(著名伦理哲学家 Hare 所说的 critical analysis)后,达到快乐为唯一的终极目的与唯一有终极价值的所有道德、原则、法律、公共政策等,都应该最终为快乐服务。这不但不肤浅,而是最深入的洞见。伦理哲学家的最大错误就在于没有深入到这个层次,只停留在强调道德、原则、法律等的重要性。这种强调,在实用或政治层面往往是好的,甚至是非常重要的。但在伦理哲学的最基本层面,则是肤浅的。

如果没有认识到,所有道德、原则、法律、政策等,都应该最终为快乐服务,则会产生像"一女不事二夫"的贞操观与"生命绝对神圣"的道德与法律,造成许多人的无谓的大量痛苦。其实,像民族主义、爱国主义等都经常在世界各国被别有用心的人们利用来进行对人民不利的勾当,包括危害很大的不正义战争。

其次,一般意义上良好的道德、原则、法律等,有很多个。当不同原则之间有冲突时,如果没有一个最终最基本的大原则(应该是快乐),则我们应该遵守哪一个呢?例如,言论自由的原则是好的,是非常重要的。同样地,反对种族主义的原则也是好的,也是非常重要的。几年前,澳大利亚有一个电台报告员说了一些被认为有种族主义的话,被电台当局处罚或警告。有人认为言论自由,不应该处罚;有人认为必须处罚种族主义的言论。这两个原则都重要,何去何从?本书认为应该权衡两者的相对重要性。但应该根据什么来权衡?既然快乐是人们的终极目的,应该根据对快乐的直接的与间接的长期总影响来权衡。

快乐、偏好与生活满足感(Life Satisfaction)

考虑下述两个人的一生经历。张女士从小到大,从年轻到老年,遭受许多肉体上与精神上的苦难。辛苦工作而得出的成就也没有得到应有的承认,也让她很气恼。然而,就在她五十岁生日车祸意外去世前一天,她获得了诺贝尔奖。她生的辛

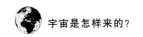

苦,而死的快乐。李先生也是在五十岁生日车祸意外去世。然而,他却与张女士相反,一生享尽各种肉体上与精神上的高度快乐。不过,就在他去世前一天,他得知他的升职申请没有被通过,使他非常气恼。他生的快乐,而死的痛苦。

张女士的一生,显然痛苦远远大于快乐;李先生的一生,显然快乐远远大于痛苦。可是,可能有不少人(包括一些哲学家明言)宁可做张女士,不愿意做李先生。(读者不必担心,如果选择来世投胎,笔者肯定不会和你争做张女士,笔者宁可做李先生。)这有几个原因。

第一,人们有"最后胜利"的情结。有许多事情或比赛,例如篮球赛,以最后的总积分决定胜负。即使在上半场中国队远远落后于英国队,下半场也多数时间落后于英国队,但只要在最后几秒钟总积分超过英国队,中国队就胜利了。当然,像这种情形,人们要最后的胜利。积分的暂时领先,主要是为了取得最后的胜利,不是目的;最后胜利才是目的。然而,在一个人的一生中,任何时候的快乐感受都是最终目的,都有价值。理想的是,天天快乐,年年快乐,而不是百年痛苦,最后一天才快乐。当然,暂时的饥饿能够增加进食时的快感;工作的辛苦也可能增加成功的快乐。然而,如果后来能够达到的快乐程度是一样的,与其先辛苦(快乐水平先－2)再快乐(后＋6),不如先快乐(先＋2)再又快乐(后＋6)。

如果上述数目不是指快乐量,例如是指消费量,则未必总量多就一定比较好。例如,先消费20,后消费10,总消费量是30,但快乐量可能是先10,后－5(比前一期减少消费可能造成痛苦),总快乐量只有5。不如先消费10,后消费15,总消费量只有25,但快乐量可能是先7,后10(比前一期增加消费可能增加快乐),总快乐量是17。

第二,由于像上述先苦后甜对快乐的贡献,使人们可能有过度强调先苦后甜的情怀,而忽视了应该根据总快乐量来取舍,因而错误地偏好张女士的经历。

第三,人们过度强调最后胜利的错误,可能部分是受天生的"顶峰-终结"法则(peak-end rule)所影响。当一个人经历一段时间的痛苦或快乐感受后,他对这段时间的感受的评价,大致只根据感受最强的程度(顶峰)与终结时的感受强度的平均值,这就是学者们发现的"顶峰-终结"法则。我们之所以天生有这种倾向,大概是因为根据这法则比较容易进行评价,而且根据生存与传宗接代上的适生性,最重要的并不是把总快乐量极大化,而是追求快乐的顶峰(交配),与避免痛苦的顶峰(死亡的危险)。然而,这是没有感受的基因的极大化,我们不是基因,而是有感受的人,我们应该把快乐极大化。

第四,人们大概有回忆上的短视的错误。20世纪初期与中期,有许多经济学家,包括Pigou, Ramsey, Harrod,都认识到许多人的短视,没有充分看到长远的将来,因而许多国家需要采用强制性的养老金储蓄。将来看得不够长远,同样地,回想过去,也可能比较着重不久前的,而忽视比较长久之前的。这两种短视,都是错误。

第五,如上所述,虽然我宁可投胎为李先生,不要做张女士,然而,如果让我替世界选择,是要有一个李先生或是一个张女士,我会选择张女士。张女士虽然一生痛苦远远地超过快乐,然而她在人类知识上的贡献很大(不然不应该会得到诺贝尔奖),间接对人类的快乐应该有大量的增加,多数会远远地超过李先生的快乐与他对他人的贡献。

由于上述原因,如果你偏好张女士的一生,我不会反对(但我自己还是宁可做李先生)。在张女士车祸前一刻,如果问她的生活满足感,答案可能会很高。根据调查,绝大多数人的生活满足感与快乐有很大的正相关。然而,不能否定,有些人的生活满足感可能受到对象对他者的贡献的影响。不过,理性而言,对他者的贡献,终极而言,应该是对快乐的贡献。因此,为了他者,人们的偏好和生活满足感可能和她自己的快乐偏离,然而,至少是理性与终极而言,这种偏离,或是因为无知与信息不够(因而不是原则上要偏离),或是为了他者的快乐。如果不是为了他者,而有意选择减少自己快乐的选择、生活等,笔者认为是不理性的(详见 *Social Choice and Welfare* 1999 上的拙著)。

道德内在价值观的由来

对一些道德原则如正义、平等等,人们大都认为,除了对快乐的贡献,它们也有其内在的价值。这有进化与社会上的双重原因(又是 nature 与 nurture)。由于人类在很大程度上靠人际合作才能生存,因此,我们天生有能够促进人际合作的天生禀性,包括孟子所说的恻隐之心(同情心)与羞恶之心(正义感)。

要求平等与羞恶的正义感,不但有助于人际合作,也有助于避免自己被他人欺负。近年来学者发现,至少有约三分之一的人们,有天生的利他主义情感,帮助他人自己会感到快乐。是非之心(判断是非的能力;这可以指认知能力,也可以指判断道德正误的能力。古人一般不做这方面的辨别。因此,孟子所谓"智",应该概括认知能力与判断道德正误的能力)当然对人际合作也有贡献,但在非人际合作上也很重要。本书不肯定人们是否真的天生有恭敬之心,可能是后天与害怕后果的因素比较重要。不过应该天生有"友善之心",虽然也应该有"防备之心",而"为己之心"则更不必多说了。

由于我们天生有能够帮助人际合作的上述天生禀性,加上父母、兄弟姐妹、同伴、学校、社会的教育与影响,使我们认为道德原则具有内在的价值。这种观点虽然是普遍的,几乎是人人具有的,然而却是肤浅的。深入的伦理分析应该得出快乐才具有终极价值。我们的禀性无非是有助于生存与传宗接代,而生存本身并没有价值,因为痛苦的生存本身是没有价值的,因而最终应该只有快乐才有价值。

结论

终极而言,快乐是唯一理性目的,是唯一有价值的东西。因此,人人的目标,任何经济政策与所有公共政策,所有道德原则,应该以快乐为最终目的。认识这一伦理哲学的最基本原理,有助于避免无谓的痛苦,有助于避免野心家与私利者用美

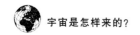

丽的主义,进行不利于大多数人的快乐的勾当。不过,我们同时也必须避免野心家与私利者,用快乐或人民利益作幌子,牺牲对长期快乐更加重要的原则、法律、制度等。如何在这两者之间进行权衡,依然应该根据长期的总快乐。一般地,重要的大原则(重要性根据对长期快乐的贡献),例如人权、法治、言论自由等,不可以轻易违背。另一方面,如果肯定对长期快乐不利,不论多么神圣,例如"生命是绝对神圣的"或是什么主义等,都不应该盲目坚持,以避免犯上类似"一女不事二夫"的重大错误。

参 考 文 献

陈少明.〈由"鱼之乐"说及"知"之问题〉[EB/OL],[2001-08-02], http://www.guoxue.com/www/xsxx/txt.asp? id=738.

郭庆藩.《庄子集释》,第3册.北京:中华书局,1954:607.

郭庆藩.《庄子集释:诸子集成本》.上海:上海书店,1986:286.

侯外庐.《中国思想通史》,第一卷.北京:人民出版社,1957:334—335.

黄有光.〈我的哲学〉,《册府》,新加坡南洋大学图书馆,1963(9/12):28—43.

及乃涛.〈濠梁之辩:没有赢家〉,《江汉论坛》,2000(10):65—67.

王夫之.《庄子解》.北京:中华书局,1981:148.

AQUINAS, T. (1981). *Summa Theologiae*. (Translated by Fathers of the English Dominican Province). Westminster, MD: Christian Classics. (Originally published 1267–1273.)

ATKINS, Peter W. (2010). *The Laws of Thermodynamics*. Oxford University Press.

AUGUSTINE, Saint (early 5th century). *City of God*. Several editions available free on the web.

BACHNER-MELMAN, R. et al. (2005). Dopaminergic polymorphisms associated with self-report measures of human altruism: A fresh phenotype for the dopamine D4 receptor, *Molecular Psychiatry*, 10 (4): 333-335. http://www.nature.com/mp/journal/v10/n4/full/4001635a.html.

BARROW, John D. (2000). *The Book of Nothing: Vacuums, Voids, and the Latest Ideas about the Origins of the Universe*. New York: Pantheon.

BARROW, John D. (2002/2003). *Constants of Nature*. London: Jonathan Cape/Vintage.

BARROW, John D. and TIPLER, Frank J. (1986). *The Anthropic Cosmological Principle*. Oxford: Oxford University Press.

BEALE, Nicholas (2009). Can discoverability help us understand cosmology? *Journal of Cosmology*, 3: 529-539.

BERNROIDER, G. (2003). Quantum neurodynamics and the relation to conscious experience. *Neuroquantology*, 2: 163-168.

BERTRAND, Michael (2009). God might be responsible for physical evil. *Australasian Journal of Philosophy*, 1-3.

BIRD, Alexander (2005). Unexpected a posteriori necessary laws of nature. *Australasian Journal of Philosophy*, 83(4): 333-348.

BLAKE, Chris, et al. (2011a). The WiggleZ Dark Energy Survey: the growth rate of cosmic structure since redshift $z=$

0.9, *eprint arXiv*: 1104.2948.

BLAKE, Chris, et al. (2011b). The WiggleZ Dark Energy Survey: testing the cosmological model with baryon acoustic oscillations at z=0.6, *eprint arXiv*: 1105.2862.

BOHM, David and HILEY, B. J. (1993). *The Undivided Universe: An ontological interpretation of quantum theory.* London: Routledge.

BRANDT, Sebastian F., DELLEN, Babette K. and WESSEL, Ralf (2006). Synchronization from Disordered Driving Forces in Arrays of Coupled Oscillators. *Physical Review Letters*, 96, 034104.

BROOKS, Michael (2008). 13 *Things that Don't Make Sense*, New York: Doubleday.

BROSNAN, Sarah F. and de WAAL, Frans B. M. (2003). Monkeys reject unequal pay, *Nature* 425, 297-99. Doi: 10.1038/nature01963.

BROWNLEE, Donald (2009). Paper on life from comet, forthcoming in *Journal of Meteoritics & Planetary Science.*

CAMERON, Ross P. (2007). Turtles all the way down: Regress, priority and fundamentality. *Philosophical Quarterly*. Online Early Articles, doi: 10.1111/j.1467-9213.2007.509.x.

CARROLL, S. B. (2005). *The Making of the Fittest.* New York: Norton.

CARTER, B. (1974). Large number coincidences and the anthropic principle in cosmology. In *Confrontation of Cosmological Theories with Observational Data*. Longair, M. S. (ed.), Dordrecht: D. Reidel Pub. Co., p.291-298.

CHALMERS, David J. (2002). Consciousness and its place in nature. In Stephen P., Stich, Ted & A. Warfield, *The Blackwell Guide to Philosophy of Mind*, Oxford: Blackwell, 2002.

CLOSE, Frank(2010). *The Void*, Sterling.

COGHLAN, Peter and TRAKAKIS, Nick (2006). Confronting the horror of natural evil: An exchange between Peter Coghlan and Nick Trakakis [in the light of the Asian tsunami disaster.] [online]. *Sophia*, 45(2): 5-26.

COLLINS, Francis S. (2006). *The Language of God*. New York: Free Press.

COLLINS, Francis S. eds. (2010). *Belief: Readings on the Reason for Faith*. New York: HarperCollins.

COLLINS, Robin (1999). A scientific argument for the existence of god: The fine-tuning design argument. In Murray, M. (ed.) *Reason for the Hope Within* (Grand Rapids, MI: Wm. B. Eerdmans): 47-75.

COLYVAN, M. G., JAY, L. and PRIEST, Graham (2005). Problems with the argument from fine-tuning. *Synthese: An International Journal for Epistemology, Methodology and*

Philosophy of Science, 145(3): 325-338.

COMINGS, David E. (2008). *Did Man Creat God?* Duarte, CA: Hope.

CONNES, Alain; HELLER, Michael; MAJID, Shahn (ed.); PENROSE, Roger; POLKINGHORNE, John; TAYLOR, Andrew (2008). *On Space and Time*. Cambridge: Cambridge University Press.

COTTINGHAM, J., STOOTHOFF, R., MURDOCH, D. and (for vol. 3) KENNY, A. eds. and trans. (1984). *The Philosophical Writings of Descartes*, vols. 1-3. Cambridge: Cambridge University Press.

COX, Brian & FORSHAW, Jeff (2009). *Why does $E = mc^2$?* Da Capo Press.

COYNE, Jerry A. (2009). *Why Evolution Is True*. Oxford; New York: Oxford University Press.

CRABTREE, V. (2004). Ontological proof of god (Descartes and St. Anselm). http://www.vexen.co.uk/religion/god_ontological.html.

CRICK, Francis H. C. (1981). *Life Itself: Its Origin and Nature*. New York: Simon and Schuster.

CUNNINGHAM, George C. (2010). *Decoding the Languange of God*. Amherst; New York: Pormetheus Books.

DARWIN, Charles (1859). *On the Origin of Species by Means of Natural Selection, or the Preservation of Favoured Races in the Struggle for Life*. New York: D. Appleton.

DARWIN, Charles (1871). *The Descent of Man, and Selection in Relation to Sex*. London: Murray.

DAVIES, Paul C. W. (2007). *The Goldilocks Enigma: Why Is the Universe Just Right for Life?* Penguin: Allen Lane.

DAVIES, Paul C. W. (2010). What Happened Before the Big Bang?

Downloaded on 5 July 2010. http://www.fortunecity.com/emachines/e11/86/big-bang.html.

DAVIES, Paul C. W. and BROWN, J. R. eds. (1986). *Ghost in the Atom: A Discussion of the Mysteries of Quantum Physics*. Cambridge, U.K.: Cambridge University Press.

DAWKINS, Richard (1986). *The Blind Watchmaker: Why the Evidence of Evolution Reveals a Universe without Design*. New York: Norton.

DAWKINS, Richard (2006). *The Selfish Gene: 30th Anniversary Edition*. London: Oxford University Press.

DAWKINS, Richard (2006/7). *The God Delusion*. London: Bantam/Black Swan.

DAWKINS, Richard (2009). *The Greatest Show on Earth: The Evidence for Evolution*. London: Free Press.

DENNETT, Daniel C. (1991). *Consciousness Explained*. London: Penguin.

DICKE, R. H. (1957). Principle of equivalence and weak

interactions. *Reviews of Modern Physics*, 29: 355-362.

DUKAS, Helen and HOFFMAN, Banesh (1979). *Albert Einstein: The Human Side.* Princeton, New Jersey: Princeton University Press.

EDDINGTON, Arthur (1923). *The Mathematical Theory of Relativity.* London: Cambridge University Press.

EDDINGTON, Arthur (1928). *The Nature of the Physical World.* London: Cambridge University Press.

EHRENFEST, Paul (1917). In what way does it become manifest in the fundamental laws of physics that space has three dimensions. *Proceedings of Amsterdam Academy*, 20: 200.

EINSTEIN, Albert (1952). Letter to D. Lipkin. Quoted in Fine (1986, p. 1).

EINSTEIN, Albert (1954). Letter to an atheist. Quoted in Dukas & Hoffman (1979).

ENGEL, G. S., CALHOUN, T. R., READ, E. L., AHN, T. K., MANCAL, T., CHENG, Y. C., BLANKENSHIP, R. E., and FLEMING, G. R. (2007). Evidence for wavelike energy transfer through quantum coherence in photosynthetic systems. *Nature*, 446(7137): 782-786.

FEUERBACHER, Björn and SCRANTON, Ryan (2006). Evidence for the Big Bang. http://www.talkorigins.org/faqs/astronomy/bigbang.html.

FEYNMAN, Richard (1985). *QED: The Strange Theory of Light and Matter*. Princeton, N. J.: Princeton University Press.

FEYNMAN, Richard, LEIGHTON, Ralph (contributor) & HUTCHINGS, Edward (editor), (1985). *Surely You're Joking, Mr. Feynman!*, W W Norton.

FINE, A. (1986). *The Shaky Game*. Chicago: University of Chicago Press.

FORD, Kenneth W. (2004). *The Quantum World: Quantum Physics for Everyone*. Cambridge, Mass.: Harvard U. P.

FREY, Bruno S. and STUTZER, Alois (2002). *Happiness and Economics: How the Economy and Institutions Affect Well-Being*. Princeton: Princeton University Press. [中译本:《幸福与经济学——经济和制度对人类福祉的影响》。北京:北京大学出版社,2006.]

FUTUYMA, D. (1997). *Evolutionary Biology*. Sunderland, MA: Sinaver.

GARRIGA, J. & VILENKIN, A. (2001): "Many worlds in one", *Physical Review D*, 64, 043511.

GIBSON, Daniel G., GLASS, John I., LARTIGUE, Carole, NOSKOV, Vladimir N., CHUANG, Ray-Yuan, ALGIRE, Mikkel A., BENDERS, Gwynedd A., MONTAGUE, Michael G., MA, Li, MOODIE, Monzia M., MERRYMAN, Chuck, VASHEE, Sanjay, KRISHNAKUMAR, Radha,

ASSAD-GARCIA, Nacyra, ANDREWS-PFANNKOCH, Cynthia, DENISOVA, Evgeniya A., YOUNG, Lei, QI, Zhi-Qing, SEGALL-SHAPIRO, Thomas H., CALVEY, Christopher H., PARMAR, Prashanth P., HUTCHISON III, Clyde A., SMITH, Hamilton O., and VENTER, J. Craig (2010). Creation of a bacterial cell controlled by a chemically synthesized genome. *Science Express*, published online May 20, 2010; 10.1126/science.1190719.

GOLDSTEIN, Martin and GOLDSTEIN, Inge F. (1993). *The Refrigerator and the Universe: Understanding the Laws of Energy*. Cambridge: Harvard University Press.

GOMATAM, Ravi (2007). Niels Bohr's Interpretation and the Coperhagen Interpretation — Are the two incompatible? *Philosophy of Science*, 74: 736-748.

GREENE, Brian (2004). *The Fabric of the Cosmos*. New York: Alfred A. Knopf.

GRIBBIN, John R. (1984). *In Search of Schrödinger's Cat: The Startling World of Quantum Physics Explained*. London: Wildwood House.

GRIBBIN, John R. (2009). *In Search of the Multiverse*. Penguin.

GRIBBIN, John & GRIBBIN, Mary (1997). *Richard Feynman: A Life in Science*. Dutton.

GRIFFIN, Donald R. (1982). *Animal Mind — Human Mind*.

Berlin: Springer-Verlag.

GRINBAUM, Alexei (2007). Reconstructing instead of interpreting Quantum Theory, *Philosophy of Science*, 74: 761-774.

GUTH, Alan H. (1981). Inflationary universe: A possible solution to the horizon and flatness problems. *Physical Review D*, 23(2): 347-356.

GUTH, Alan H. (1997). *The Inflationary Universe: The Quest for a New Theory of Cosmic Origins*. London: Jonathan Cape.

HAMER, D. C. (2005). *The God Gene*. New York: Anchor Books.

HAUSER, Marc D. (2006). *Moral Minds: How Nature Designed Our Universal Sense of Right and Wrong*. New York: Harper Collins.

HAWKING, Stephen W. (1988). *A Brief History of Time: From the Big Bang to Black Holes*. New York: Bantam.

HAWKING, Stephen W. (1989). The edge of spacetime, in Paul Davies (ed.), *The New Physics*. Cambridge: Cambridge University Press.

HAWKING, Stephen W. & MLODINOW, Leonard (2010). *The Grand Design*. Bantam Books/Random House.

HEATH, R. G. (1964). Pleasure response of human subjects to direct stimulation of the brain: Physiologic and psychodynamic considerations. In *The Role of Pleasure in Behavior: A Symposium by 22 Authors*, p. 219.

HEISENBERG, W. (1927). Über den anschaulichen Inhalt der quantentheoretischen Kinematik und Mechanik, *Zeitschrift für Physik A*, 43(3-4): 172-98. English Translation by J. A. Wheeler and W. H. Zurek (1983), *Quantum Theory and Measurement*. Princeton: Princeton University Press, 62-84.

HODOS, W. (1982). Some perspectives on the evolution of intelligence and the brain. In Griffin (1982), 33-55.

HOYLE, Fred (1983). *The Intelligent Universe*. London: Michael Joseph.

HOYLE, F. and WICKRAMASINGHE, N. C. (2000). *Astronomical Origins of Life: Steps towards Panspermia*. Kluwer Academic Press, USA.

IVANOV, L. N. and ZUEVA, T. V. (1990). Creation of electron-positron pairs in the collision of heavy atomic nuclei systematic quantum-mechanical approach. *Russian Physics Journal*, 33 (8): 704-712. (Translated from Izvestiya Vysshikh Uchebnykh Zavedenii, Fizika, No. 8: 97-107, August, 1990.)

JASTROW, Robert (1992). *God and the Astronomers*. New York: Norton.

JERISON, Harry J. (1973). *Evolution of the Brain and Intelligence*. New York: Academic Press.

JOHNSON, Noreen E. (2007). Divine omnipotence and divine omniscience: A reply to Michael Martin [online]. *Sophia*, 46: 69-73.

JOSEPH, Rhawn (2010). The infinite universe vs the myth of the Big Bang: Red shifts, black holes, acceleration, life. *Journal of Cosmology*, 6: 1547-1615.

KAFATOS, Menas (2009). Cosmos and quantum: Frontiers for the future. *Journal of Cosmology*, 3: 511-528.

KAK, Subhash (2009). The universe, quantum physics, and consciousness. *Journal of Cosmology*, 3: 500-510.

KÄMPF, Michael M. and WEBER, Wilfried (2010). Synthetic biology in the analysis and engineering of signaling processes. *Integrative Biology*, 2: 12-24. DOI: 10.1039/b913490e.

KLEE, Robert. (2002). The revenge of Pythagoras: How a mathematical sharp practice undermines the contemporary design argument in astrophysical cosmology. *British Journal for the Philosophy of Science*, 53: 331-354.

KNOCH, Daria, et al. (2006). Diminishing reciprocal fairness by disrupting the right prefrontal cortex. *Science*, 314 (5800): 829-832. DOI: 10.1126/science.1129156.

KONNER, Melvin (2002). *The Tangled Wing: Biological Constraints on the Human Spirit*. New York: Henry Holt.

KOPERSKI, Jeffrey (2005). Should we care about fine-tuning? *British Journal for the Philosophy of Science*, 56: 303-319.

LAL, Ashwini K. (2010). Big Bang? A critical review. *Journal of Cosmology*, 6: 1533-1547.

LESLIE, John A. (1989). *Universes*. London and New York: Routledge.

LEVINTHAL, Cyrus (1968). Are there pathways for protein folding? *Journal de Chimie Physique et de Physico-Chimie Biologique*, 65: 44-45. http://www.biochem.wisc.edu/courses/biochem704/Reading/Levinthal1968.pdf.

LEWIS, David (1986). *On the Plurality of Worlds*. Basil: Blackwell.

LINDE, A. (1994). The self-reproducing inflationary universe. *Scientific American*, 271 (5): 32-39.

MAJID, Shahn (2008). Quantum spacetime and physical reality, In Connes, et al. (2008).

MANDELBROT, B. B. (1977). *Fractals*. New York: W. H. Freeman.

MANDELBROT, B. B. (1983). *The Fractal Geometry of Nature*. New York: W. H. Freeman.

Manson, N. A., ed. (2003): *God and Design: The Teleological Argument and Modern Science*. London: Routledge.

MARINOV, M. S. and POPOV, V. S. (1977). Electron-positron pair creation from vacuum induced by variable electric field. *Fortechritte der Physik* 0: 373-400.

MARTIN, Michael (2007). Divine incoherence [Reply to Johnson, Noreen E. Divine omnipotence and divine omniscience.] [online]. *Sophia*, 46: 75-77.

MARTIN, Michael and MONNIER, Ricki eds. (2003). *The Impossibility of God*. Amherst, NY: Prometheus Books.

MARTIN, Robert A. (2004). *Missing Links: Evolutionary Concepts and Transitions through Time*. Boston: Jones and Bartlett Publishers.

MILNE, D. et al. (1985). *The Evolution of Complex and Higher Organisms*. Washington, D.C.: Scientific and Technical Information Branch, National Aeronautics and Space Administration.

MITCHELL, Melanie (2009). *Complexity: A Guided Tour*. Oxford: Oxford University Press.

MONTON, Bradley (2006). Fine-tuning and the problem of old evidence. *British Journal for the Philosophy of Science*, 57 (2): 405-424.

NAGASAWA, Yujin (2004). A further reply to Beyer on omniscience [Reply to Beyer, Jason A. "A physicalist rejoinder to some problems with omniscience: or how God could know what we know"; in v. 43, no. 2, Oct 2004: (5)-13.] [online]. *Sophia*, 46: 65-67.

NAKHNIKIAN, George (2004). It ain't necessarily so: An essay review of intelligent design creationism and its critics:

Philosophical, theological, and scientific perspectives. *Philosophy of Science*, 71(4): 593-604.

NG, Yew-Kwang (1995). Towards welfare biology: Evolutionary economics of animal consciousness and suffering. *Biology & Philosophy*, 10(3): 255-285.

NG, Yew-Kwang (1996). Happiness surveys: Some comparability issues and an exploratory survey based on just perceivable increments, *Social Indicators Research*, 38(1): 1-29.

NG, Yew-Kwang (1999). Utility, informed preference, or happiness? *Social Choice and Welfare*, 16(2): 197-216.

NG, Yew-Kwang (2010). On the origin of our cosmos: A proposition of axiomatic creationism. *Journal of Cosmology*, forthcoming.

NOLAN, Lawrence (2006). Descartes' ontological argument. In *Stanford Encyclopedia of Philosophy*.

OBERHUMMBER, H. et al. (2000). Stellar production rates of carbon and its abundance in the universe. *Science* 289, 88. doi: 10.1126/science.289.5476.88.

OLDERSHAW, Robert L. (2010). An infinite fractal cosmos. *Journal of Cosmology*, 4: 674-677.

OLDS, J. and MILNER, P. (1954). Positive reinforcement produced by electrical stimulation of septal area and other regions of rat brain. *Journal of Comparative and*

Physiological Psychology, 47: 419-427.

OSTRIKER, J. P. and STEINHARDT, P. J. (2001). The quintessential universe. *Scientific American*: 46-53.

PALEY, William (1802). *Natural Theology*. (Indianapolis: Bobbs-Merrill, 1963).

PASCAL, Blaise (1958). *Pascal's Pensées*. New York: E. P. DUTTON.

PATTERSON, M. M. and KESNER, R. P. (1981). *Electrical Stimulation Research Techniques*. New York: Academic Press.

PENNOCK, Robert T. (ed.), *Intelligent Design Creationism and Its Critics: Philosophical, Theological, and Scientific Perspectives*. Cambridge, MA: MIT Press (2001).

PENROSE, Roger (1994). *Shadows of the Mind: A Search for the Missing Science of Consciousness*. Oxford; New York: Oxford University Press.

PENROSE, Roger (2008). Quantum theory and cosmolog, In Connes, et al. (2008).

PERSINGER, M. (1987). *Neurobiological Bases of God Beliefs*. New York: Praeger.

PIETSCH, T. W., ARNOLD, R. J. and HALL, D. J. (2009). A bizarre new species of frogfish of the genus *Histiophryne* (Lophiiformes: Antennariidae) from Ambon and Bali, Indonesia. Copeia, 2009(1): 37-45 {for supporting on-line information, see http://uwfishcollection. org/psychedelica}.

PILPEL, Avital (2007). Cosmos and coincidence: Intelligent design theory fails to account for sub-optimal design. *Skeptic* (Altadena, CA), 13(3): 18-19.

PITTS, J. Brian (2008). Why the Big Bang singularity does not help the Kalām cosmological argument for theism, *British Journal for the Philosophy of Science*, 59: 675-708.

POLKINGHORNE, John C. (2008). The nature of time, In Connes, et al. (2008).

POLKINGHORNE, John C. and BEALE, N. C. L. (2009). *Questions of Truth* (Appendix A). Louisville: Westminster John Knox.

RADIN, Dean (2006). *Engangled Minds*. London: Paraview Pocket Books.

REES, Martin (1999/2000). *Just Six Numbers: The Deep Forces that Shape the Universe*. New York: Basic Books; 2000 paperback edition, London: Phoenix.

REIHER, Markus and WOLF, Alexander (2009). *Relativistic Quantum Chemistry: The Fundamental Theory of Molecular Science*. Wiley-VCH.

RIDLEY, Matt (2009). Modern Darwins. *National Geographic*, 215(2): 56-71.

ROTA, Michael (2005). Multiple universes and the fine-tuning argument: A response to Rodney holder. *Pacific Philosophical Quarterly*, 86(4): 556-576.

ROZENTAL, I. L. (1980). Physical laws and the numerical values of fundamental constants. *Soviet Physics: Uspekhi*, 23: 293-305.

SAGAN, Carl (1980). *Cosmos*. New York: Random House.

SARKAR, Sahotra (2007). *Doubting Darwin?* Oxford: Blackwell.

SCHARFF, Constance and HAESLER, Sebastian (2005). An evolutionary perspective on FoxP2: Strictly for the birds? *Current Opinion in Neurobiology*, 15(6): 694-703.

SCOTT, E. C. (2004). *Evolution vs. Creationism: In Introduction*. Westport, CT: Greenwood.

SHINBROT, Troy and MUZZIO, Fernando J. (2001). Noise to order. *Nature*, 410(8).

SHUBIN, N. H., DAESCHLER, E. B. and JENKINS, Jr., F. A. (2006). The pectoral fin of tiktaalik roseae and the origin of the tetrapod limb. *Nature*, 440: 764-771.

SIDHARTH, B. G. (2009). In defense of abiogenesis. *Journal of Cosmology*, 1: 73-75.

SIDHARTH, B. G. (2010). Hawking's alien invaders might be microorganisms. *Journal of Cosmology*, 7.

SILK, J. (1997). Holistic cosmology. *Science*, 277(5326): 644.

SMITH, George H. (1980). *Atheism: The Case against God*. USA: Prometheus Press.

SMOLIN, Lee (1997). *The Life of the Cosmos*. Oxford: Oxford University Press.

STAPP, Henry P. (2007). *Mindful Universe: Quantum Mechanics and the Participating Observer*. Berlin: Springer.

STAPP, Henry P. (2009). Quantum reality and mind. *Journal of Cosmology*, 3: 570-579.

STEINBERG, Jesse R. (2007). Leibniz, creation and the best of all possible worlds. *International Journal for Philosophy of Religion*, 62(3): 123-133. Doi 10.1007/s11153-007-9136-7.

STEINHARDT, Paul J. and TUROK, Neil (2003). The cyclic universe: an informal introduction. *Nuclear Physics Proceedings Supplement*, 124:38-49, DOI: 10.1016/S0920-5632(03)02075-9, Cite as: arXiv:astro-ph/0204479v1.

STEINHARDT, Paul J. and TUROK, Neil (2007). *Endless Universe*. New York: Doubleday.

STENGER, Victor J. (1990). The universe: The ultimate free lunch. *European Journal of Physics*, 11: 236-243.

STENGER, Victor J. (2000). Intelligent design: The new stealth creationism. Web article.

STENGER, Victor J. (2003). *Has Science Found God?* USA: Prometheus Books. www.colorado.edu/philosophy/

vstenger/Found/Found. ppt # 319, 4, first Law of Thermodynamics.

STENGER, Victor J. (2007a). Physics, cosmology and the new creationism. In *Scientists Confront Intelligent Design and Creationism*, volume II, edited by Petto, Andrew J., Godfrey, Laurie R. and Norton, W. W.

STENGER, Victor J. (2007b). *God: The Failed Hypothesis: How Science Shows That God Does Not Exist*. USA: Prometheus Books.

STROBEL, Lee (2004). *The Case for a Creator: A Journalist Investigates Scientific Evidence that Points towards God*. Zondervan/Willow.

SUSSKIND, Leonard (2004). *Cosmic Natural Selection*. Hep-th/0407266, followed by final letters.

SUSSKIND, Leonard (2006). *The Cosmic Landscape*. New York: Back Bay Books.

SWINBURNE, Richard (1991/2004). *The Existence of God*. Oxford: Oxford University Press.

SWINBURNE, Richard (2005). Prior probabilities in the argument from fine-tuning. *Faith and Philosophy: Journal of the Society of Christian Philosophers*, 22(5): 641-653.

TAYLOR, Andrew N. (2008). The dark universe, In Connes, et al. (2008).

TAYLOR, John G. (2006). *The Mind: A User's Manual*.

Wiley.

TEGMARK, Max (2003). Parallel universes. *Scientific American*: 31.

TIGER, Lionel and MCGUIRE, Michael (2010). *God's Brain*. Amherst: Prometheus.

TOWNSEND, John S. (2010). *Quantum Physics: A Fundamental Approach to Modern Physics*. Sausalito; California: University Science Books.

TRYON, Edward P. (1973). Is the universe a vacuum fluctuation. *Nature*, 246: 396-397. December 14. Reprinted in *Modern Cosmology and Philosophy* (1998), ed. Leslie, John (New York: Prometheus), p. 222-225.

WALKER, Mark A. and ĆIRKOVIĆ, Milan M. (2006). Astrophysical fine tuning, naturalism, and the contemporary design argument', *International Studies in the Philosophy of Science*, 20(3): 285-307.

WATSON, James D. (1968). *The Double Helix: A Personal Account of the Discovery of the Structure of DNA*. London: Weidenfeld & Nicolson.

WATSON, James D. and CRICK, Francis H. C. (1953). A structure for deoxyribose nucleic acid. *Nature*, 171: 737-738.

WEINER, Jonathan (1994). *The Beak of the Finch*. London: Cape.

WHEELER, John A. (1973). From relativity to mutability. In

Mehra, J. (Ed.): *The Physicist's Conception of Nature*. Dordrecht, Boston: Reidel 1973, p. 202-247.

WICKRAMASINGHE, Chandra (2010). Are intelligent aliens a threat to humanity? Diseases (viruses, bacteria) from space. *Journal of Cosmology*, 7.

WIGNER, Eugene (1960). The unreasonable effectiveness of mathematics in the natural sciences. *Communications on Pure and Applied Mathematics*, 13(1).

ZINKERNAGEL, Henrik (2008). Did time have a beginning? *International Studies in the Philosophy of Science*, 22(3): 237-258.

ZYCINSKI, Joseph M (1996). Metaphysics and epistemology in Stephen Hawking's theory of the creation of the universe. *Zygon: Journal of Religion and Science*, 31(2): 269-284.

图书在版编目(CIP)数据

宇宙是怎样来的?／黄有光著.—上海:复旦大学出版社,2011.8
ISBN 978-7-309-08189-3

Ⅰ.宇… Ⅱ.黄… Ⅲ.宇宙-普及读物 Ⅳ.P159-49

中国版本图书馆 CIP 数据核字(2011)第 108273 号

宇宙是怎样来的?
黄有光　著
责任编辑／王联合

复旦大学出版社有限公司出版发行
上海市国权路 579 号　邮编:200433
网址:fupnet@fudanpress.com　http://www.fudanpress.com
门市零售:86-21-65642857　团体订购:86-21-65118853
外埠邮购:86-21-65109143
上海第二教育学院印刷厂

开本 850×1168　1/32　印张 6.25　字数 119 千
2011 年 12 月第 1 版第 2 次印刷
印数 4 101—7 200

ISBN 978-7-309-08189-3/P·007
定价:22.00 元

如有印装质量问题,请向复旦大学出版社有限公司发行部调换。
版权所有　　侵权必究